图说世界家具史

Illustrated History of Furniture: From the Earliest to the Present Time

作 者:[英]弗雷德里克·里奇菲尔德(Frederick Litchfield)
译 者:李林莹　闻 琛　洪 泓

扫码进入读者圈
了解世界家具潮流变迁

序 言

在本书中，笔者将装饰家具和木制品在设计上的演变呈现于读者面前，涵盖了从具有可靠或确切记录的最早期直至目前【1】。

本书插图依据真实可靠的家具样例精选绘制而成，大部分样例或可在书中提及的博物馆里一睹为快，或经其收藏者的允许可得以一见。这些家具代表了不同的室内设计风格，表现出其所代表的时代的家具特点。插图尽可能按年代排序，所附图注解释了影响风俗习惯的历史和社会变迁，这些变迁也直接或间接地影响了不同国家的家具。笔者力图创作一幅“全景图”，期望能被众多不愿深入研究这一主题，却想有些大致了解，或对某些部分特别感兴趣的读者所接受。

序言插图1 老式英国祖父钟。时期：十八世纪后期。（见第三章）

本书篇幅有限，对于诸多值得详读细品的不同时期的家具设计和家具风格，笔者显然只能给出其简略轮廓，而无法详细解说。因此，读者不妨将内容涉及几个世纪的第一章《古代家具概述》作为随后几章的导读，而非对那段时期家具历史的仔细研究。第四章讲述了大约150年间，从英王詹姆士一世到家具设计师、制作家齐本德尔（Chippendale）及其同时代的人。最后三章比其他几章内容更为详尽，部分原因是这些时期更容易获得可靠的资料，另外也是因为英国读者对他们所处时期的家具更感兴趣。至于十七世纪下半叶到大革命时期的法国豪华家具，在过去十至十五年间公众对此类家具木工和金属镶嵌工艺表现出了特殊兴趣，因此得到了比其他时期和其他国家的家具更充分的讲解。在享誉业内的拍卖会上，此类家具引得富有的收藏家们竞相出价，并屡屡创下天价，获得的赏识由此可见

【1】目前指本书成书时期——十九世纪末。（译注）

序言插图 2

一斑。

建筑风格的变化影响并伴随着室内家具的相应改变，为获得对不同时期的家具设计更为正确的认识，研究建筑风格的这种变更很有必要。笔者这么说有些底气不足。对这门学科而言，一名身兼古文物研究者的建筑学家，似乎比一名建筑学知识有限的古文物研究者更有发言权。

一些以“家具”为题材的著作吸收了这个词在法语里的词义，包含了房子里一切可“移动”的物品。而其他作者在选择家具时，则参考了历史记录、评论界意见和民众建议。笔者并非妄自提出任何类似的建议，而是致力于描述狭义的“装饰家具和木制品”。为了让自己了解信息并完成研究，笔者追溯了家具发展史上数次风格演变的原因和大致时间，然后尽可能地化难为易，用浅显易读的文字记录下来。

在本书出版的过程中，笔者得到了不少帮助和协作，使得这项工作非常轻松愉快。在本书付梓之时，笔者向以下人员谨致谢意。他们是古宅邸屋主、博物馆职员、城市公司职员、图书管理员以及令笔者受惠的其他人。很多有才能的研究者已涉足同一领域，他们的观点经笔者亲身体会和调查研究后得以证实并予以采纳，在此一并致谢。

本书已获得数量可观的预订订单，大量的购买意向表及读者表现出的善意和信任，着实令人欢欣鼓舞，这也为本书的出版工作增添了动力。

若本书反响良好，笔者会深受鼓舞，愿意付出更多努力，增加更多实例，并扩大研究范围。

弗雷德里克·里奇菲尔德

圣詹姆士街 32 号

目 录

橡木雕花餐巾台。由法瑞尔先生出借给南卡辛顿博物馆。时期：十七世纪早期

第一章　古代家具概述

1-1 首字母装饰图、浅浮雕装饰图——坐着的埃及人

《圣经》的记载

最早明确提及木工活的记载可追溯到《创世纪》，上帝令诺亚用歌斐木[1]造一艘方舟，“要留透光处”，“里外抹上松香”，并须遵循明确的尺寸。由这些流传至今的明确指令，我们可以推测，在世界历史的极早时期，人类就掌握了不同的木材种类以及如何使用工具的知识。

由大英博物馆收藏的浅浮雕和纸莎草纸文献，我们也可了解到古埃及人的文明艺术水平已相当发达，他们会制作舒适乃至奢华的家具。他们当中的希伯来人肯定拜师于杰出的工匠，才学到了足够的技艺和经验，所以约公元前 1500 年搭建圣幕时才可以遵循如此精确的指令——不同的木材种类、尺寸、装饰、紧固件（“金钩和纽扣”）、细麻幔子、干燥皮革外罩等。我们只需翻到《出埃及记》第 25 章阅读片刻，就能确信，文中提及的所有指令都是由一群在各个施工建造领域拥有丰富经验的人去执行，而这些经验源于好几代的木匠、细木工、织工、染工、金匠和其他手工艺人的传承。

公元前 1000 年前，有文字记载了所罗门王统治时期的建筑和室内陈设的杰作——圣殿和他自己的“王宫”。当时不同国家中技艺最为纯熟的工匠都被召集起来，参与建造。这些奉命前来的工匠竭力完成了这一宏伟工程。无论是在知识还是技术上，这一盛事标志着人们进入了发展进步的崭新时代。查阅《旧约》中与此主题有关的信息时，里面提及的家具的一些细节，以及相关公认的大致年代也值得注意。这并非因为事件涉及的确切年表有什么特别重要之处，而是因为总体来讲，它们构成了家具发展史上的一个个里程碑。其中一例是《列王记》（下）第 4 章在讲述约公元前 895 年以色列国先知以利沙拜访书念妇

【1】歌斐木：应为丝柏木。参见附录的木材说明。

人一事时所描述的“墙上的小楼”里的东西，以及为接待先知所做的准备：“我们可以为他在其中安放床榻、桌子、椅子、灯台。”另一例是在约420年后，《以斯帖记》第1章第6节在描述亚哈随鲁（Ahashuerus）王宫的宏伟时，提到的房间里的装饰性帷幔所展现的东方的富丽堂皇：“有白色、绿色、蓝色的帐子，用细麻绳、紫色绳从银环内系在白玉石柱上。有金银的床榻摆在红、白、黄、黑玉石铺的石地上。”

遗憾的是，对古希伯来家具可靠的记载踪迹难寻。知名学者基托（Kitto）的《每日圣经》《圣经》讲解教师亨利·索尔陶（Henry Soltau）先生的《圣幕、祭司和祭品》以及其他类似书籍中的插图，显然都是根据《旧约》中的描述经想象而绘成的。在这些插图中，“陈设饼桌”通常被绘制为桌腿局部为车制圆柱形，桌面为方形，安装有钩环，可以穿杠抬动。作为游牧民族，他们的家具很原始，我们可以认为，因为犹太人和亚述人同源而生，说同一种语言，所以在装饰家具方面，除了表现人物和动物的形象有所不同之外，也应该具有相似的特征。

亚述家具

英国考古学家奥斯丁·勒亚德（Austin Layard）爵士、亚述学学者乔治·史密斯（George Smith）先生，以及其他同样有胆识的旅行家们，使我们更好地了解了尼尼微【2】的家庭生活。他们对这个全世界最古老的君主政体所在地的研究，为古代家具史的这一分支增添了极其丰富的内容。这些权威学者告诉我们，那个时期的家具用狮头、牛头和羊头作为装饰；桌子、宝座和靠榻由金属和木头制成，可能还嵌有象牙。根据奥斯丁·勒亚德爵士的说法，最早的椅子没有靠背，椅足为狮爪或牛蹄状。有些椅子用料为黄金，有些以银和青铜制成。在豪尔萨巴德【3】遗址中，发掘出了由动物和人像（可能依照囚徒形象制作）支撑的椅子的图样。奥斯丁·勒亚德爵士在宁录（Nimrod）【4】王宫遗址中发现了一把青铜宝座（现藏于大英博物馆），其展现出了精湛高超的金属工艺。

1-2 亚述青铜宝座和脚凳局部。约公元前888年，亚述纳西尔帕统治时期。（原件藏于大英博物馆，照片由曼塞尔公司拍摄）

著名的亚述楔形文字石刻铭文的发掘者和翻译者史密斯先生，在他的《亚述古文物》一书中讲到，他在尼尼微遗址附近发掘出一个水晶宝座的残片，其设计和上文提到的青铜宝座有些相似。这本有趣的书中另有一处描述了一座房屋的室内，这有助于我们了解当时房屋的建造情况，这一时期可准确确定为公元前860年。“在此处我一共打开了6个房间，全都具有相同特点——入口处装饰着方形壁柱群，房间内部的壁龛是相同的样式，墙壁被漆上了红色、绿色和黄色的横条，房间的低处镶嵌着小石板，涂墙的灰泥和色漆也刷到了石板上。”接下来

【2】尼尼微：西亚古城，是早期亚述、中期亚述的重镇和亚述帝国都城，最早由古代胡里特人建立。位于底格里斯河上游东岸今伊拉克摩苏尔附近。（译注）

【3】豪尔萨巴德：亚述古城，即今豪尔萨巴德，位于今伊拉克尼尼微东北。（译注）

【4】宁录：《圣经》记载宁录是古实的儿子、含的孙子、挪亚的曾孙，称“他为世上英雄之首”，“他在耶和华面前是个英勇的猎户”，大洪水后第一个建国者，在示拿地建了巴别、以力、亚甲、甲尼，在亚述建了尼尼微、利河伯、迦拉、利鲜。（译注）

还描述了排水系统布局，最后史密斯先生得出结论，这是国王的妻妾和家人居住的一所私人住宅。另外还有个有趣的事实，在砖头朝下的那面他发现了关于撒缦以色二世（Shalmeneser，公元前 860 年）的传说，这座宅邸可能正是撒缦以色二世下令建造的。

大英博物馆藏有一块尼尼微出土的精致的雕花象牙，上面留有镶嵌彩色玻璃等物的凹槽。这块象牙曾是一把宝座上嵌饰的一部分，从中可见当时这类物件的装饰的华丽程度。据可靠史料记载，这块雕件源于埃及。亚述人对于轮廓的处理更为笨拙僵硬，他们的家具通常比埃及人的更加笨重。

亚述人为崇拜主神阿舒尔（Asshur）而圣化的圣树，其传统造型经常作为装饰物被用于宝座和椅子的设计中。另一种圣物——松果，也见于家具设计中，有时为装饰性椅足，如图 1-3（上）的豪尔萨巴德椅子，有时仅作为装饰。

上文提到的青铜宝座，其高度看上去似乎需要脚凳。《尼尼微古迹》一书特别提到了这类脚凳："脚凳的足与椅子一样，也装饰为狮爪或牛蹄形状。"

图 1-4 出自大英博物馆收藏的一块浅浮雕，图中呈现的家具，据说年代比青铜宝座和脚凳晚了约 200 年。

1-3（上） 豪尔萨巴德出土的亚述椅子（藏于大英博物馆）

1-3（中） 克桑托斯出土的亚述椅子（藏于大英博物馆）

1-3（下） 亚述宝座（藏于大英博物馆）

1-4 躺卧的亚述巴尼拔（Asshurbanipal）国王（出自大英博物馆浅浮雕）

1-5 上排：矮凳、花瓶架、头枕、工匠凳、架子上的花瓶；下排：折凳、嵌象牙乌木坐凳（原件藏于大英博物馆，照片由曼塞尔公司拍摄）

1-6 就座的埃及贵族（壁画藏于大英博物馆，照片由曼塞尔公司拍摄）。时期：公元前1500－前1400年

埃及家具

在遴选古埃及家具样例时，我们发现大英博物馆的馆藏对研究很有帮助。这些家具得以精心保存，人人都可以参观，其中有一两件尤其值得注意。“工匠凳”名副其实，凳面正如现代厨房椅的椅面（全木），轻微凹陷以提升落座者的舒适感，三只凳脚向外弯曲。这样的设计简单方便，极其耐用。若想研究更具装饰性的样本，则要仔细观察陈列于同一玻璃展柜中的折凳。其支架交叉的方式类似于现代的折叠凳，凳脚下部雕为鹅头形状，并嵌入象牙以强调设计感，显示了灵活多样的制作工艺。

这些家具的凳腿和扶手部分像是用现代车床加工而成的，榫眼和榫头【5】令我们惊叹不已。经过最先进的计算分析技术确认，摆在我们眼前的家具至少有3000年的历史，甚至有可能更加久远。

在同一间展室内沿墙陈设的玻璃展柜中，藏有数件十分豪华奢侈的物件——也许不能称其为家具。它们展现了古埃及人享有的高超文明，有助于我们了解他们的家庭生活习惯。

在这些藏品中，有用各式木材镶饰的盒子，用鲜艳翠蓝色方形陶块镶嵌的浮雕装饰，用象牙饰面的其他一些物品；有精心设计雕花的木质汤匙，其中一件刻画了一位在莲花丛中的少女，极富艺术技巧；还有木船、头枕、房屋和谷仓局部模型、文具、各类工具和用具，以及大量的私人装饰品和必需品。

“乌木、皂荚木（阿拉伯语称为sont）、杉木、梧桐木和其他种类未辨的各式木材，都被用作制造家具。河马牙、象牙、玻璃片用作镶嵌物，镶嵌细工的代表样本并不罕见，陵墓的画作中就描绘了华丽的场景和镀金家具。坐垫和褥垫似乎由亚麻

【5】榫眼和榫头：榫卯是在两个木构件上所采用的一种凹凸结合的连接方式。凸出部分叫榫（或榫头），凹进部分叫卯（或榫眼、榫槽）。（译注）

布和彩色织物缝制而成，内里填充水鸟羽毛，而座椅的椅面则以亚麻绳或鞣制染色皮革编织料覆盖，有时还会使用豹皮。他们用棕丝制作地毯，还时常坐在上面。总体而言，埃及住宅只配备少量家具，不像现代住宅摆放许多物品。”

以上段落是已故著名古文物研究者伯奇博士（Dr.Birch）的描述，他曾任大英博物馆埃及与亚述部主任，这段描述选自上述古文物目录序言。参观大英博物馆的游客都应留意购买这份物美价廉的目录，作为该部分馆藏的参观指南。

本章的一些插图取自大英博物馆古代雕塑和浅浮雕，或源于底比斯或其他遗址的壁画复制品，使我们清楚了解到这个古老民族的家具。在上面插图所呈现的家具中，可以看到一个木制头枕，埃及贵妇人们使用它可防止头发凌乱。如今日本人仍在广泛使用的一种头枕与其非常相似，为了使脖子舒适还带了一个垫子。

1-7 埃及宴会（出自底比斯壁画）

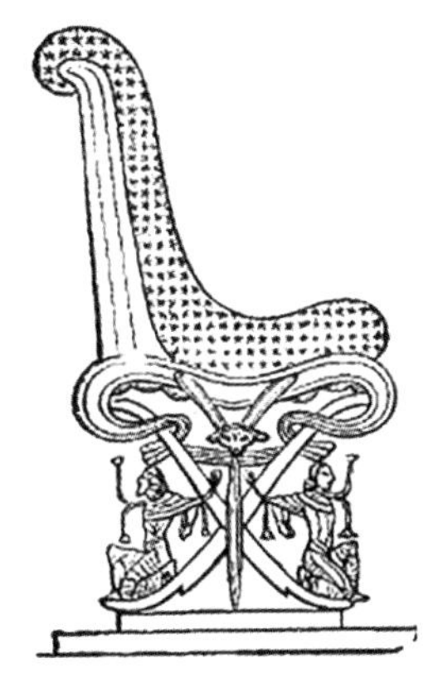

1-8 椅脚为俘虏形象的椅子（出自大英博物馆纸莎草纸文献）

1-9 酒神巴克斯（Bacchus）及随从看望伊卡洛斯（Icarus）[6]（大英博物馆浅浮雕复制品）。时期：约公元100年

【6】伊卡洛斯：希腊神话中代达罗斯的儿子，在与代达罗斯使用蜡和羽毛造的翼逃离克里特岛时，他因飞得太高，双翼上的蜡遭太阳熔化而跌落水中丧生，被埋葬在一个海岛上。（译注）

希腊家具

1-10 配备桌子的希腊床榻（出自古代壁画）

诗人荷马（Homer）早就记载过希腊家具，他描述了染色羊毛制成的床单、挂毯、地毯和其他物品，应该是某个大人物住所陈设的一部分，年代比我们认定的希腊艺术全盛时期要早好几个世纪。

在大英博物馆的第二花瓶陈列室里，有一个花瓶上画有两个人坐在长榻上，长榻上铺着昂贵材料制成的坐垫，为了让落座者感觉舒适，还摆着一张脚凳，很可能是象牙制成的。插图1-9 出自石刻浅浮雕《伊卡洛斯款待酒神巴克斯》，在这张图上，长榻的腿为圆柱形，足端雕有叶纹。另外还有插图展示其用于宗教或其他用途，或作为火盆支座的三脚桌，由此我们可以推断，桌子由木材、大理石或金属制成；折凳及睡眠小憩所用的长榻（并非如后期所流行的用于就餐时躺卧），也是如此。这些不同的家具上凡出现狮、豹和人面狮身的头、腿和爪造型的，大多与我们在亚述家具中观察到的造型有相似之处。

在此可以介绍一件有趣的家具，其具体年代已由相关历史事件证实，约 800 年后，希腊历史学家帕萨尼亚斯（Pausanias）也亲眼见到过并留下了相关记录。这件家具就是著名的科林斯的库普塞卢斯（Cypselus）之柜。关于它的故事是这样的：库普塞卢斯母亲的亲戚们被德尔菲的神谕警告，说她的儿子会对统治者们产生巨大的威胁，亲戚们便企图谋杀库普塞卢斯，库普塞卢斯因为藏在这个柜子里得以逃命，后来他统治科林斯约 30 年（前 655 – 前 625 年）。据记载，这个柜子由杉木制成，雕花并饰有象牙、黄金或镀金象牙的图案和浅浮雕，柜子四面和顶部都有镶嵌装饰。

希腊鼎盛时期的律法，不鼓励个人生活奢侈铺张，也不鼓励收藏豪华家具。他们的生活方式简单，制度非常严格。最好的雕像和雕塑、最有价值的画作——总而言之，最上乘的

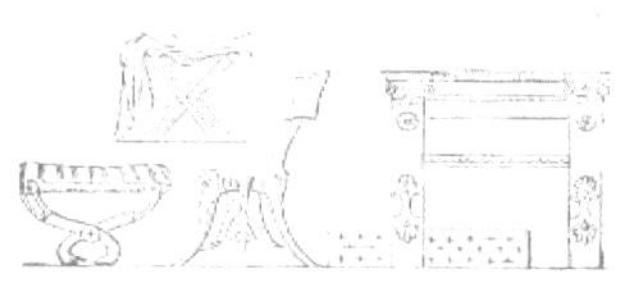

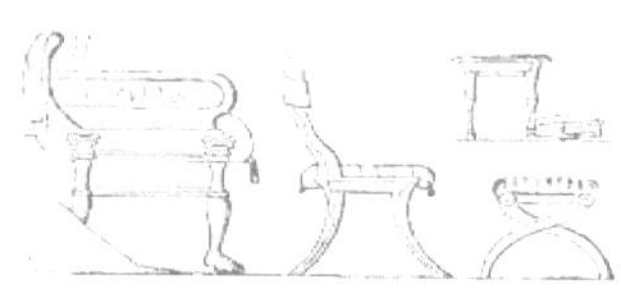

1-11 希腊家具（出自古代浮雕）

艺术佳作，都献给国家来装饰神殿和其他公共建筑。国家对所有富裕公民的财产，拥有无限和几乎无约束的处置权。有权势的雅典人所处的公共环境和自家住宅的简朴形成鲜明对比，家中只有少得可怜的桌椅，而议政厅、剧院、神殿里却装饰着菲狄亚斯（Phidias）、阿佩莱斯（Apelles）、普拉克希特列斯（Praxiteles）的杰作。

不过这种规矩也有例外，有记载表明，希腊繁荣时期的后几年，就不再这样恪守俭朴了。据说，古雅典将军亚西比德（Alcibiades）成为首位给家宅涂漆和装饰的人。希腊作家普鲁塔克（Plutarch）提到，亚西比德软禁了画家阿加萨柯斯（Agatharcus），直到画家完成工作才以适宜的报酬打发他离开。另一位古代作家提到，“私人住宅的宾客被要求赞美天花板的装饰以及柱子间悬挂的帷幕”。据法克（Falke）博士的德文著作《房屋艺术》的美国译者珀金斯（Perkins）先生说，上述这段逸闻出现于古希腊喜剧作家阿里斯托芬在公元前 422 年所写的戏剧《黄蜂》中。

插图均选自大英博物馆、巴黎国家图书馆以及其他来源的最好的权威文献，展现出希腊人在家具上一丝不苟的风格。

古罗马家具

若要寻找艺术风格的纯粹和品位的完美，我们会习惯于去观摩伯里克利时代[7]的古希腊，因此我们理所当然地认为，时代向神圣罗马帝国迈进时，艺术会逐步衰败。古罗马以帕拉蒂尼山上那个约公元前 750 年建立的小村庄为发源地，向四周扩张和征服，到奥古斯都（Augustus）时代，已成为整个文明世界的霸主，成为财富、文明、奢华和权力的中心。东边的安提俄克（Antioch）和南边的亚历山大城（Alexandria）是当时仅次于古罗马的世界级大城市。

1-12 古罗马住宅内部。据称是古罗马史学家、政治家撒路斯特（Sallust）的住宅。时期：公元前 20- 20 年

从赫库兰尼姆和庞贝古迹中发掘的，我们对罗马鼎盛时期富人的社会生活会有一个大致的了解。房屋皆为单层，由两个以上的四方院子或内庭封闭而成，有拱廊通往各个房间，中心露天内庭可使各区域得以通风换气。插图 1-12 可让我们一窥这种布局。

研究装饰和家具的英国作家亨格福德·波伦（Hungerford Pollen）写过一本实用手册，里面描述了罗马人住宅中的每一个房间，注明了相应的拉丁语名称和用途。我们也从其他关于古罗马的描述中得知，帝国都城的住宅分为截然不同的两类——“多莫斯”（domus）豪宅和“因苏拉”（insula）住宅。前者是罗马贵族的住所，相当于现代的豪华住宅，后者则是中下阶级的住所。每一栋“因苏拉”由若干套公寓组成，通常出租给不同的家庭，周围常常商铺环绕。波伦先生描述的房屋似乎都是单层，但随着罗马变得寸土寸金，房屋也越盖越高，以至于成为一种安全隐患。在奥古斯都时代，对建筑不仅有严格的法规，建筑高度也限制在 70 英尺以下。那时的罗马家具都极其昂贵。桌子用大理石、黄金、白银和青铜制成，并有雕花、金银

【7】伯里克利时代：古希腊的一个历史时期，始于波希战争的终结，终于伯里克利离世或伯罗奔尼撒战争结束，为古希腊的全盛时期。（译注）

线条镶嵌、镀金和宝石装饰。主要用材为杉木、松木、榆木、橄榄木、白蜡木、冬青木、山毛榉木和枫木。象牙也被广泛使用。与亚述、古埃及和古希腊的设计一样，罗马家具中长榻和靠背椅的扶手、椅腿也被雕成动物的四肢形状。不仅如此，家具的其他部位也装饰有浅浮雕雕刻品，图案取材于古希腊神话和传说。木材经切割制成薄木贴面应用于家具，原因并非某些人猜测的“节约成本”，而是如此一来，人们就可以挑选使用图案花纹最漂亮的木材，而且较之于单纯使用实木，能够取得更华美、更具装饰性的效果。至于古罗马人的某些特殊家具昂贵到何等程度，我们在可靠、权威（波伦先生）的著作中找到了绝好的例子。为古罗马政治家西塞罗（Cicero）制作的桌子，花费了100万塞斯特斯【8】，相当于9000英镑，而朱巴国王（King Juba）的桌子在拍卖中售出了相当于10000英镑的高价。

西塞罗之桌用一种被称为香木（thyine wood)的木材制成。这种木材运自非洲，极受尊崇。香木为人所重，不仅因为美观，还有迷信或宗教原因。香木被认为会带来好运，而且可制成焚香为牧师使用，又赋予其神圣性。圣托马斯医院的爱德华·克莱普顿（Edward Clapton）医生收集《圣经》里提到的木材，设法弄到了一块香木，是他的一位朋友在阿特拉斯山脉取得的，和我们称为金钟柏（tuyere）和花梨瘿（amboyna）【9】的木头很相似【10】。

1-13 古罗马书房。书箱里可见卷轴和书籍。另见灯具、写字板等物品。

古罗马住宅和古希腊住宅一样，分为两块区域，前部用于招待宾客和处理社交事务，后部用于处理家务，是主妇与家人的专属空间。古希腊时期主妇的地位只比奴隶稍高一些，古罗马时期主妇的地位尽管已有所提升，然而比之于后期，仍有极

【8】塞斯特斯：古罗马银币。（译注）

【9】花梨瘿：详见《附录》中的木材注释。

【10】金钟柏，也作Thuya，和花梨瘿一样都是树瘤木，树瘤木纹理不规则，色泽好，极具装饰性，售价很高。（译注）

1-14 古罗马脚凳（条凳）

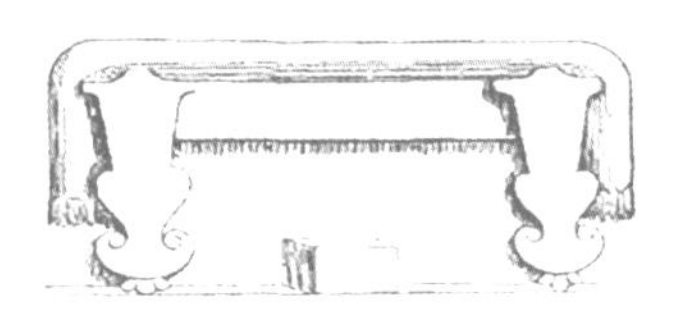

1-15 古罗马荣誉座。也称双人座椅。但在节日等场合通常由一人就座。

大的不同。

本章末的插图 1-18 是古罗马史学家、政治家撒路斯特在家中设宴的场景。画面中主人与八位男性宾客斜靠在当时特有的一种长榻上，每张榻容纳三人，称为“躺卧餐桌”（triclinium），这样的布置构成了古罗马宴会上最令人喜爱的数字“9”，也向我们印证了那句俗语——“不少于三美神，不多于九缪斯”。这句俗语如今仍是广为流行的宴会守则。

从赫库兰尼姆和庞贝遗址的发现中，我们获得了大量关于古罗马富人的家庭生活信息。上文有一张有价值的插图 1-13，图中的藏书室（或书房）的家具设计和我们已观察到的古希腊的设计非常相似，或许这些家具皆由古希腊工匠设计制作，也并非不可能。

可以看到，当时使用的书籍不是放在书架上或书柜里，而是保存在圆筒书箱（Scrinia）里。这种书箱通常由山毛榉木制成，可上锁或密封。用这种方式，可便于在旅行中携带卷轴或线装书。

亨格福德·波伦先生提到，衣服都放在“制衣间”（vestiaria）或藏衣室里，他还引用了普鲁塔克书中关于将军卢库勒斯（Lucullus）的紫色披风的逸闻。卢库勒斯拥有太多紫色披风，以至于不得不存放于宽敞的挂式壁橱里，普通箱柜是不行的。

在中庭（或称为公共会客室）摆放的可谓是家中最好的家具。莫尔（Moule）在《罗马别墅小论》中写道：“在这里，每天都会聚集着很多人，他们向资助人致意，与立法者商议，引起政要的注意，或是在表面上与当权者来往亲密而取得公众心目中的重要地位。”

罗马帝国向东扩张，其对于东方国家的殖民统治活动，以及随后东罗马帝国的建立，使其偏好逐渐偏离了希腊设计风格。如果我们谈论的是设计的优劣和品位的高低，那么这种偏离可能会被看作是一种衰退。然而比起严格按照古典原则设计的实用家具，这种偏离无疑使得在家具设计上更着重于安逸奢华和温暖舒适。我们已经看到，传统设计原则与雅典人的公共生活更为相符。但是生活在帝国后期的罗马人，他们拥有财富和奴隶，他们豪奢无度、道德败坏、耽于声色。他们的生活光鲜亮丽，挥金如土。东方的帷幔和刺绣品，华美的地毯和舒适的靠垫，对金银的滥用和俗气累赘的装饰，这一切所带来的鲜艳色彩与罗马人的生活完全吻合。

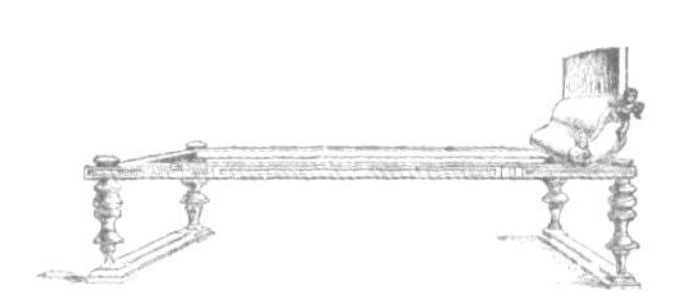

1-16 古罗马长榻。通常由青铜制成（出自古代浅浮雕）

以上家具历史的概要虽然浅微简略，但涵盖了从有记载的最早时期，到庞大的罗马帝国急剧扩张的年代，每个国家的艺术和生产工艺都聚集到了罗马富人的豪宅中。现在我们终于要谈到可称是“史上最重大事件”——庞大的罗马帝国衰败倾覆的开端。十五代（约500年）以后，这番衰退的历程，这场浩大的变迁，走向了终结。蛮族人大肆侵略，蹂躏并征服各个行省并定居下来，古老的异教徒世界随之灭亡，新基督纪元开始。从公元二世纪末到公元476年最后一位罗马皇帝下台，只有狄奥多西大帝曾一度以铁腕手段制止了外族的大举入侵。除此之外的漫长历史阶段里，这个前所未有的强大帝国的子民一直在遭受挫败与屈辱。历史之笔所安排的狂灾惨祸和剧烈动荡几乎令史学家难以记述，唯有英国历史学家吉本（Gibbon）以他的天才和耐心独自厘清了这一出庞杂大戏。当帷幕在新秩序中拉起，异教徒的时代已经过去，中世纪即将开始。

1-17 古罗马青铜灯具和灯座（庞贝出土）

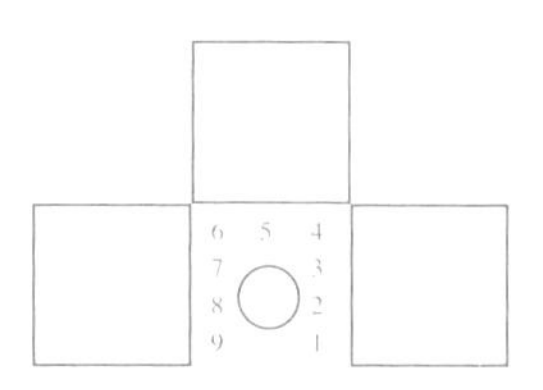

1-18 罗马式躺卧餐厅。示意图标示出宾客的位置，“1”为上座，“9”为主人座。（摘自雅各布·冯·法克博士的《房屋艺术》）

第二章　中世纪时期的家具

2-1 首字母装饰图——哥特式橡木衣橱

从476年罗马帝国瓦解，到1453年君士坦丁堡沦陷的1000年

家具史完全可被视作不同民族风俗习惯发展史的一部分。只有将家具风格的演变与引发这些变化的特定历史事件和影响联系起来，才能理解和正确认识这个过程中数次或渐进、或突发的变化。

因此，我们要了解一下与我们的话题相关的重要事件和重大社会变革的全景。被称作“中世纪”的这一时期持续约1000年，始于476年罗马帝国的衰亡，迄于1453年君士坦丁堡被穆罕默德二世麾下的土耳其人攻陷。这是一个战乱频仍、动荡不安的时期，在此期间，罗马帝国没落，加洛林王朝崛起，撒克逊人、丹麦人和诺曼人先后征服不列颠；穆罕默德战功赫赫、富甲天下；摩尔人征服西班牙以及大面积的非洲地区；而十字军东征则以共同的事业为名，既团结了朋友，也同化了敌人。

这是一个修道院遍布的时代，一个宗教迫害的时代，也是一个基督教教会奋力扩张的时代，同时也是一个封建主义、骑士制度和四处征战共存的时代。但是，在其尾声—— 一个相对文明和进步的时期，黑暗开始为即将到来的光明让路。中世纪的暗夜过后，随即迎来了文艺复兴的曙光。

随着东罗马帝国首都君士坦丁堡的地位日隆，富人们纷纷携带贵重财产，从各地蜂拥而至。他们的住宅中开始有越来越多的装饰性家具，风格融合了东方式和罗马式，即从早期古典希腊式的变体发展为后来所说的拜占庭式。基督教对于女性社会地位的提升也极大地影响了当时的风俗习惯。女士们开始在双轮或敞篷马车中抛头露面，马车的设计因此得到改进，样式也更加丰富；斜躺就餐的旧风俗消失了，宾客们坐上了长条凳。尽管除了罗马的圣彼得宝座和拉文纳大教堂的马克西米安宝座，没有其他这一时期的家具实物留存下来，但我们还是可以从古

老的拜占庭象牙浅浮雕上看到圆形宝座和教会家具的图样，从中了解当时流行的木制品的类型。

圣彼得宝座是中世纪遗存的最有趣的文物之一。它的木刻工艺体现出它的设计与当时的其他作品一样，均属于拜占庭风格。以下描述出自亨格福德·波伦先生为南肯辛顿博物馆[1]藏品目录撰写的前言：“宝座为木质，表面覆有象牙雕饰和黄金。椅背缚于铁架上。宝座呈方形，有质地坚实的椅座和扶手。椅座宽39英寸，高30英寸，可见原先应该有一个踏板或脚凳与之相配……宝座的正面用象牙精雕细刻了18组题材出自《福音书》的浮雕，并镶嵌有纯金。宝座两侧饰有几个象牙小雕像。据说，这把宝座原为基督教最早的皈依者、古罗马元老会议员普登斯（Senator Pudens）家的陈设。他把自己在古罗马的住宅捐给了教会，住宅留存下来的大部分现已为圣布田西雅堂所覆盖。宝座由普登斯献给圣彼得后，遂成为教宗的圣座。原存于圣彼得老教堂。”从那时起，宝座几经辗转，如今存于新的圣彼得大教堂，但已完全被1667年贝尔尼尼用取自万神殿的青铜所制作的“圣座”或称“防护罩”所包覆，不可得见。

2-2 圣彼得宝座（罗马）

关于这把著名的宝座，著述甚丰。红衣主教怀斯曼（Cardinal Wiseman）和骑士德罗西（the Cavaliere de Rossi）为它的声誉和历史辩护，古文物学会会员亚历山大·内斯比特先生（Alexander Nesbitt）在数年前的学会会议上宣读了一篇以其为主题的论文。

原先在威尼斯还有另外一把圣彼得宝座，苏格兰小说家和历史作家奥利芬特夫人（Mrs. Oliphant）的《威尼斯创造者》（*Makers of Venice*）中有一幅根据它的照片绘制的素描。据说，这是西奥菲勒斯（824-864）之子米歇尔大帝赠送给威尼

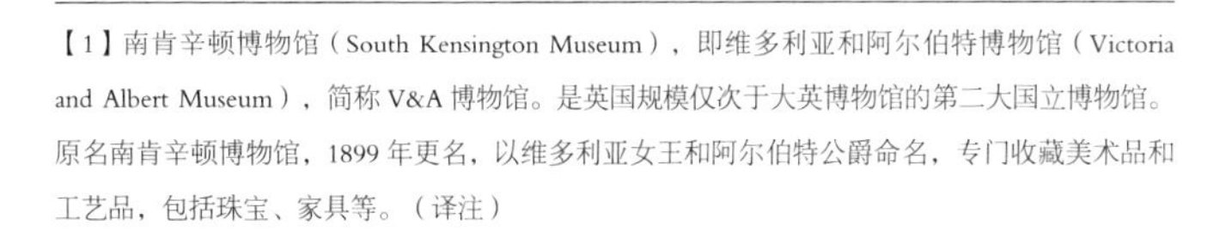

【1】南肯辛顿博物馆（South Kensington Museum），即维多利亚和阿尔伯特博物馆（Victoria and Albert Museum），简称V&A博物馆。是英国规模仅次于大英博物馆的第二大国立博物馆。原名南肯辛顿博物馆，1899年更名，以维多利亚女王和阿尔伯特公爵命名，专门收藏美术品和工艺品，包括珠宝、家具等。（译注）

斯共和国的礼物，以表彰864年去世的特拉多尼可总督（Doge Tradonico）或其前任对伊斯兰入侵者的抵抗。如今只剩下一些残片，保存于卡斯泰洛的圣彼得大教堂。

在威尼斯还有一把青史留名的宝座，现存于圣马可大教堂的珍宝室。这把宝座在亚历山大港制作，后被送至君士坦丁堡，之后又于1204年作为战利品落入威尼斯人手中。与之前提及的两把宝座一样，它原先也装饰有象牙饰板，但现在已替换为大理石饰板。

上文提及的数把宝座中，年代最为久远的当属拉文纳的那把，为546–556年在位的大主教而制。马斯克尔先生（William Maskell）所著的“科学与艺术”系列的《象牙制品手册》（*Handbook on Ivories*）中，对其有如下描述：“宝座椅背极高，整体呈圆形，通体覆有象牙饰板，以高浮雕的形式表现了《福音书》中的场景和圣人的形象。饰板边缘为叶饰和鸟兽，中间空白处为花果。法国考古学家和艺术品收藏家杜索梅拉尔（Du Sommerard）将其中最引人注目的几个主题命名为‘圣母领报’‘智者崇拜’‘逃往埃及’‘我主的洗礼’等。”著名的意大利古董收藏家帕瑟瑞（Passeri）也描述过这把宝座。英国建筑师和艺术史家迪格比·怀亚特爵士（Sir Digby Wyatt）则为阿伦德尔协会会员们宣读过一篇以这把宝座为主题的论文。他说，由于它有幸被作为圣物保存，所以外观几乎与大主教使用时一模一样，只增添了一些岁月留下的美丽色泽。

早在庞大的罗马帝国衰落前的很长一段时期内，就已经有一些因素促使工艺品的制作流向各地。受过训练、手艺高超的工匠们迁徙到那些依靠他们的劳动能培育出新兴产业的国家，这也为当时那些停滞不前的地区注入了发展的活力。促使工艺品制作向外传播的因素之一，就是726年，东罗马帝国皇帝利奥三世颁布的禁止圣像崇拜的法令。这一法令对艺术品制作的影响，可与十七世纪时英国清教徒的狂热行径相提并论。被逐出家园的艺术家们流亡到欧洲各国的首都，在那里受到接纳，得到雇用和资助。

需要注意的是，此时的威尼斯正在崛起，即将拥有傲人的财富和令人瞩目的地位。

……

像统治着海洋及其威力的女皇。

她确曾如此；她的女儿们的嫁妆，

是从外国夺来的战利品；东方取之不尽，

把翡翠玛瑙像雨水般倾倒在她膝上。

她披着紫袍，宴会上有各国君王作宾；

他们觉得抬高了自己的地位，无不受宠若惊。

节选自拜伦《恰尔德·哈罗德游记》第四章“威尼斯颂”

（杨熙龄译，上海译文出版社 1990 年版）

富有的威尼斯商人非常熟悉外国的艺术品和工艺品，威尼斯便成为吸引艺术家难民的城市之一。正是在这里，木刻工艺作为一门艺术得到了长足发展。尽管由于木雕作品天生易损，从这一发轫期保存至今的作品寥寥无几，但我们发现，两三百年后，木刻艺术进入了繁盛期，技艺堪称完美，而要达到那样的水平，必然需要经历一个漫长的准备期。

让我们把目光转向威尼斯之外。八世纪后期，查理曼大帝光芒四射，无人可及。尽管没有那个时期的可靠样例，也几乎没有当时任何与木质家具有关的画作，但不难发现，这位法兰克王和他的随扈们在夺取了高卢罗马人的财产之后，也在某种程度上提高了自己对奢华和文明的品鉴能力。法国作家、记者保罗·拉克鲁瓦（Paul Lacroix）在《中世纪礼仪、风俗和服饰》（*Manners, Customs, and Dress of the Middle Ages*）中讲到，躺卧餐厅（triclinium）往往是宫中最大的厅，两排立柱将其分为三个部分，一部分为王室专用，一部分归王室内府人员使用，还有一部分用来宴请数量庞大的宾客。前来觐见国王的达官贵人

2-3 达戈贝特宝座。法国加洛林王朝国王达戈贝特的宝座，鎏金青铜材质，现存于巴黎君主博物馆（Muse é de Souverains, Paris）。最初为折叠椅，据传出自七世纪圣埃洛伊（St. Eloi）之手，椅背和扶手为十二世纪阿贝·苏哥（Abbe Suger）所加。南肯辛顿博物馆存有宝座的电铸版复制品。

们不能空着肚皮离开，至少得为陛下的健康干上一杯。国王非常热情好客，特别是在圣诞节或复活节等重大宗教节日期间。

在这本书的其他部分，我们还读到了关于“箱子”的描写，它们被用来存放贵重物品，另外还有对奢华的帷幕的描写，除此之外，就几乎没有任何与家具有关的描述了。那把著名的达戈贝特宝座（插图 2–3）现藏于卢浮宫（南肯辛顿博物馆存有一个电铸版复制品），制于查理曼称帝前约 150 年，很有可能是这个时期唯一一件流传至今的家具。它为鎏金青铜材质，据传出自一名僧侣之手。

关于十至十四世纪的家具设计，我们所知的大部分均来源于那个遥远年代的泥金装饰手抄本和弥撒书。其中的插图中有君主们在重大宴会或宗教活动中所使用的仪典座椅，可查阅大英博物馆、巴黎和布鲁塞尔国家图书馆所珍藏的古文献。从这些权威史料中我们不难发现，加洛林王朝统治下的法国和其他国家的礼仪家具属于拜占庭风格。这种伪古典风格是约 1000 年后——拿破仑一世当政的十九世纪早期的家具的原型，在这个时期制作了许多我们现在称之为“帝政式”的家具。

任何一部中世纪木制品艺术史，都不会对十世纪至十五世纪的北欧家具和装饰木刻只字不提。南肯辛顿博物馆藏有三四件挪威工匠制作的雕饰门廊的石膏复制品，分属十、十一和十二世纪。在这些门廊上，涡卷纹缠绕着弯弯扭扭的怪兽，或如洛维特先生（Mr. Lovett）所称的“模样可怕的龙和极度扭曲的大蛇”。一件雕饰门楣以及更后期的刺柏木大酒杯之上的木刻都清晰地体现了这一特点。

南肯辛顿博物馆内还存有其他更具拜占庭风格的北欧木艺珍品的复制品，其原件都藏于斯德哥尔摩和哥本哈根的博物馆。这些博物馆收藏了大量当地制作的有趣的古代木艺作品，由此证明从维京时代早期开始，木刻就已经作为工艺美术在北欧盛行了。在博尔贡（Borgund）和西特达尔 (Hitterdal) 的老教堂仍可以看到七八世纪时的木雕制品，也可以在特勒马肯（Thelemarken）找到富有鲜明民族特色的门楣和门廊。

提及北欧，也许还应该包括最早期的俄式装饰木艺。在十六世纪罗曼诺夫王朝进入以前，执掌俄国的是留里克王朝。这支王族源自芬兰，当时还只是瑞典的一个省。从泥金装饰手抄本中，可以发现这些装饰木艺设计与上文提及的挪威和瑞典早期的雕饰门楣有相似之处。

中世纪早期的家具非常稀少而珍贵，因此盖子和匣子也不应小觑。这些物件大多用橡木制成，用途广泛，其中一些制作工艺非常精良，但最早期的作品没有留存下来。所幸，还有一些更小型的特殊玩意儿，材质除金属以外，还有海象牙和大象牙、兽角和鲸骨。大英博物馆就收藏有这么一个小物件（插图2-6所示的是它的盖子），表现的是一名男子为保卫家宅与手持长矛盾牌的敌人作战的场景。匣子的其他部分刻有各种题材的雕饰和古代北欧文字的铭文。专门研究这一时期的考古学家史蒂芬斯先生（Mr. Stephens）据此推断，匣子制作于八世纪的诺森布里亚王国，很可能记录了当地的一次事件，部分铭文有“背叛”之意。这个匣子由已故的伦敦古文物收藏者协会会员A.W. 弗兰克斯先生购入，也成为这位慷慨的馆长捐赠给大英博物馆的诸多珍宝之一。

至于英国十二世纪前的家具，我们所知甚少。当时盎格鲁－撒克逊人的生活习性还处于因陋就简的阶段，直到诺曼人入侵以后，才开始慢慢开化起来。不管怎样，如果我们想对撒克逊领主的城堡内部有所了解，不妨参阅沃尔特·司各特爵士的古文物研究成果，借鉴一下他对罗瑟伍德庄园主厅的描述，那可是撒克逊贵族塞得利克招待宾客的地方。尽管《艾凡赫》（*Ivanhoe*）中故事发生的背景已是十二世纪末，但塞得利克家族以传承祖先传统为荣，对入侵者带来的所谓新式礼仪嗤之以鼻，很可能有好几代人都不曾对祖上流传下来的家具摆设做过

2-4 挪威雕饰门廊。时期：十至十一世纪

2-5 雕花木椅。北欧作品。时期：十二至十三世纪

2-6 鲸骨首饰盒盖（诺森布里亚，八世纪。大英博物馆）

丝毫变动。因此，如果读者们认可我们将小说中的场景作为可信的史实，那么就能更容易地想象出盎格鲁－撒克逊的祖先们使用的是何种家具了。

“厅极长，极宽，高度却与其不成比例。一张长橡木桌——厚木板桌面是森林里砍伐下来的原木，几乎没经过任何抛光——已经就绪，只待晚餐开始……厅内四面墙上挂着作战和狩猎的武器，每个角落都有折叠门，通往这间大宅的其他地方。

大宅的其他陈设同样具备撒克逊时期粗陋的特征，塞得利克却以保留旧习为荣。地面铺的是泥土混合石灰踩踏而成的坚硬材料，正如现在铺设谷仓地面常用的材料。占房间长度约四分之一的地面高出一个台阶，这块高出来的地方被称作高台，只有主要家族成员和贵宾才能上台就座。为此，高台中间特意横向放置一张桌子，鲜红色桌布铺满整个桌面。从高台中部开始到房间另一头，放置一张更长但略矮的桌子，佣人和下人们就在此用餐。两张桌子组成一个‘T’字。在牛津和剑桥这样历史悠久的学院里，还能看到一些按同样规则摆放的古老餐桌。高台上摆放着结实的雕花橡木靠背椅和高背长椅，桌椅上方挂着布制顶篷，以保护那些占据这一尊贵之处的达官显贵们免受恶劣天气，尤其是雨天屋漏之苦。高台延伸之处的三面墙上挂着帷幔或布帘，地上铺着地毯，帷幔和地毯都有少许绒绣或刺绣装饰，色彩明快艳丽。高台以外的地方，屋顶下就没有顶篷了，粗粗抹上灰泥的墙面也是光秃秃的，泥地上自然也没有地毯，桌上没有桌布，做工粗糙的大长凳取代了靠背椅。高台桌子的正中放着两把椅座最高的椅子，为男女主人的专座。主人专座还各配有一个脚凳，精雕细刻，镶有象牙，以显示他们独享的尊贵。”

插图 2-7 出自大英博物馆哈利父子的手稿，展示的是一座九世纪或十世纪撒克逊人的住宅。中间是大厅，两边分别是卧

2-7 九世纪或十世纪撒克逊人的住宅（出自大英博物馆哈利父子的手稿）

室和闺房。与先前的罗马式住宅一样，这座房子也只有一层。古文物收藏者协会会员莱特先生一直从事盎格鲁－撒克逊人风俗习惯的研究，据他说，有关这一时期两层楼房的文字记录只有一例，说的是圣登斯坦议会举行会议的房屋所发生的一起事故。据他引用的古编年史记载，所有议员都从二楼摔了下来，只有圣登斯坦本人靠横梁支撑才逃过一劫。

插图 2-7 描绘的是一位盎格鲁－撒克逊族长，与夫人一起站在大厅的门边，向穷人分发食物。另有一些木版画描绘了盎格鲁－撒克逊式的床铺，大多嵌于墙内，比起把木头箱子叠起来，再在上面铺上一袋袋稻草也好不了多少。还有留存下来的物品清单和遗嘱等文本，表明这些原始的家具在人类历史早期显示出一定的价值和重要性，是只有少数权贵才能拥有的奢侈品。有一份遗嘱写道："带有床帘和床单的床上用品，以及所有与之相关的东西"，都要传给他的儿子。

英国编年史作家温多弗的罗杰（Roger of Wendover）描述了奥法王的王后是如何谋杀艾西伯王的。他写到，王后为了款待皇室宗亲，差人专门准备了一个房间，为此还布置了当时看来颇为奢华的家具。"她令人在艾西伯王的床榻旁准备了一把

2-8 约十世纪盎格鲁－撒克逊家具（出自大英博物馆古文献）

1. 饮宴；

2. 餐宴上，侍者将餐食连同烹饪的炙叉直接端给宾客；

3. 盎格鲁－撒克逊床榻。

2-9 高台上的座席

2-10 撒克逊豪华床榻

座椅，椅面装饰华丽，周围还挂着帘布。在座椅之下，这个歹毒的女人令人挖了个坑。”作者最后还不无讥讽地加了一句：“显然，这个房间位于底楼。”

此处所示的还有大英博物馆所藏的另一些古文献中的插图，表现了我们盎格鲁－撒克逊祖先更为无邪的休闲时光。《高台上的座席》《盎格鲁－撒克逊人的饮宴》，以及其他一些留存至今的插图，大体都表现了餐宴结束，餐桌移除后，酒具在宾客们之间传递；说书人、歌手、流浪艺人（魔术师）或小丑就会轮番上场，各显神通，供宾客们消磨时光

这些盎格鲁－撒克逊住宅之中，有一些曾是罗马人占领时期的别墅，之后根据后来居住者的习惯和品位做了改变和调整。莱顿爵士（Lord Lytton）在小说《哈罗德》（*Harold*）第一章介绍主人公希尔达的居所时，就为我们描述了这样一座撒克逊化了的罗马房子。

不管怎样，诺曼人的文明开化还是逐渐对工艺美术产生了影响，不过由于国家尚未安定，未能产生迅猛的发展。封建制度让每个有实力的贵族成为小领主，他们与自己的邻居征战不断，这使得这一时期的家具必须是少量且易于搬运或隐藏的。至今尚存的最早的橡木柜就是那个年代的。床榻并不多见，通常只有国王、王后以及贵妇们才能享用；墙面装饰着挂毯，地面大多经过打磨。随着国家日益安定，财产安全也得到更多保障，这种舒适度欠佳的生活状态逐渐消失，女士们的服饰越来越多样化，上层阶级的生活大体来说也更讲究了。房屋中开始出现楼梯和会客室，某些房间还加装了砖石砌成的壁炉，而之前屋里的烟都是通过屋顶上的开口排到室外去的。床榻上有华丽的雕饰和挂饰。大型衣柜（armoire）用橡木制成，雕饰华美，而衣橱（press）则大约出现在十一世纪末。

到了亨利三世统治时期（1216–1272 年），木镶板才第一次应用到室内装潢中，也大致在这一时期出现了重大的

发展。1236年，国王迎娶了普罗旺斯的埃莉诺（Eleanor of Provence），正是她鼓励权臣们把宅邸装修得更加奢华。亨格福德·波伦先生引述了一份当年颁布的王室令状，清楚地显示出我们的祖先在品位上有了更高雅的追求。那份令状是这样写的："国王在威斯敏斯特的大卧室的墙要刷成与窗帘一样的绿色。卧室的山墙上要漆上法文铭文。国王的小衣橱也要漆成绿色，以模仿窗帘的效果。"

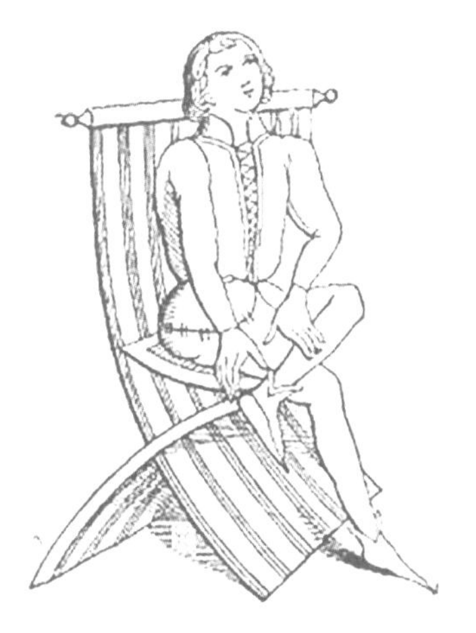

2-11 英国折叠椅。时期：十四世纪

又过了100年或150年，中世纪美术发展到了顶峰，不光在英国，还在佛兰德的几个大城市中，如布鲁日（Bruges）和根特（Ghent），这几个城市在十三、十四世纪时曾发挥了相当重要的历史作用。此时，哥特式建筑风格已较为常见。我们发现，在每一次设计风格的变化当中，木制品的样式总是自然而然地跟随着石艺装饰，这一次也不例外。的确，在很多情况下，那些设计了大教堂和修道院的人很可能也设计了家具，特别是由于那些工艺最为精良的木刻家具通常都专供教堂使用。

2-12 摇篮。时期：亨利五世时期

因此，我们能找到的这一时期的木制品多为哥特式，图案多为奇形怪状的野兽和爬虫，经过变形以装饰家具的结构部分，或丰富镶板的纹饰。

十三世纪末最重要的家具是爱德华一世（1296–1300年在位）的加冕宝座，现存于威斯敏斯特大教堂。这把颇具历史价值的宝座用橡木制成，其设计和雕饰从下面的木版画插图中可见一斑。据说，宝座的三角形椅背的两边尖顶原本有两头豹，如今只残存了很小一部分。透过椅座下的四叶形孔洞，可以看到著名的加冕石。据古代传说，这块加冕石就是雅各在圣地伯特利枕靠休息之处，"他在那儿待了整整一晚，因为太阳已经下山，他便取了几块石头，垒起来作为枕头。"（《创世纪》第28章）[2]

---

[2] 在已故斯坦利教长（Dean Stanley）所著的《威斯敏斯特教堂历史记忆》中，有对这块石头历史的非常有趣的解释，感兴趣的读者可以一读。

2-13 加冕宝座（出自威斯敏斯特修道院）

支撑宝座的木雕狮子并非原件，而是现代作品。1887年，为纪念维多利亚女王加冕五十周年，狮子被重新镀金，这也是宝座最后一次履行使命。除了扶手上有薄薄的衬料外，宝座的其他部分现在都呈现出橡木的原色。但在此之前，这把木制宝座曾被涂上一层石膏并全部镀金，也许正是因为这个原因，才能如此完好地保存至今。

同样是在威斯敏斯特教堂亨利三世的小教堂里，就在这把宝座旁边，还有另外一把与之相似的宝座，不过两侧没有雕刻哥特式的三叶草拱形纹饰。这把宝座是为詹姆士二世的女儿、威廉三世的妻子玛丽而制，供玛丽在她与威廉的联合加冕典礼上使用。关于这把宝座，亨格福特·波伦先生摘录了不少与之相关的史料，为我们做了详尽的描述。下文是他从一位古代作家的作品中引用的片段：

“国王一开始想用铜打造这把宝座，御用工匠埃尔德姆已经着手开始做了。事实上，有几个部件甚至已经做好了，为打磨铸件而购买的工具也已经到位。但国王又改变了主意，于是我们就又花了100先令，按照铜质宝座的图样做了一把木质的；又花了13先令4便士，雕刻了两头木质小豹子，为其上漆、镀金，而后送往国王的御用油漆匠沃尔特师傅处，安在同样出自他之手的宝座的两侧。据爱德华一世29年的皇家衣橱账本显示，‘因为在放置苏格兰石的新宝座跟前造了个踏板，又支付了木匠和油漆匠的工钱，购买了颜料和黄金，还为宝座量身定制了一个防尘罩’，沃尔特师傅一共获得了1英镑19先令7便士的报酬。”

1328年6月1日，一纸皇家令状要求修道院院长将苏格兰石送至伦敦的郡长处，由他呈送给王太后。但是，命令未得到执行。从那时起，除了玛丽加冕时使用了教皇特别赠送的宝座外，其他加冕仪式用的都是这把宝座。

插图2-14这上所示的约克教堂法衣室内的椅子，以及插

图 2–15、插图 2–16 中所示的另外两把类似御座的座椅，体现了十四世纪教堂装饰性家具的最高水平。在坎特伯雷大教堂的唱诗班席位上，有一把名留史册的椅子。尽管它的年代更早，在此也可顺便一提。那就是大主教御座，别名圣奥古斯丁宝座。据历史传说，撒克逊王国的国王们就是坐在这把宝座上加冕的，但它很可能是十三世纪以后才出现的。这是一件非常出色的石雕作品，椅背和扶手造型别致，由于椅背和两侧嵌有雕花装饰线条而显得颇不寻常。

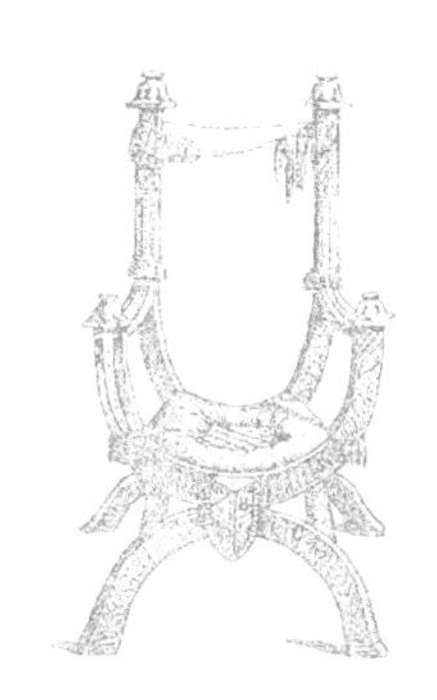

2–14 约克教堂法衣室内的椅子。时期：十四世纪晚期

位于汤布里奇附近的彭斯赫斯特庄园（Penshurst Palace）是已故的德莱尔和杜德利勋爵（Lord de l'Isle and Dudley）的宅邸，也是西德尼家族祖祖辈辈的居所。在十四世纪中期，或者说爱德华三世统治时期，它几乎可谓是英格兰富绅们的乡间别墅的一个特例。承蒙主人许可，笔者得以仔细查看庄园内许多有趣的物件。由于许多家具陈设都精心保留了原样，人们可大致了解"大厅"当时的模样。那时，大厅是家庭进行主要日常活动的地方——高台为主人和贵宾而设，摆放着最好的桌子（插图 2–17），大厅的主体部分则摆着一般的桌子。尽管金杯银盏的古代筵席已经散去，我们还能看到曾举办宴席的地方。据说，彭斯赫斯特还有英国现存的唯一一个那个时期的壁炉。壁炉位于大厅中央，是一个石块垒边的八边形空间，壁炉上方的屋顶曾有个简单的通风口，用来排烟。当时使用的炭架仍保留着。

2–15 座椅（出自考文垂圣玛丽教堂）

插图 2–18 描绘的是十四世纪法国一间寓所的室内陈设，非常具有参考价值，因为尽管有很多描写豪华寓所内家具陈设的文字记载，却很少有可靠史料描述了如"骑士及夫人"居住的这类家庭卧室是怎样进行室内陈设的。祷告椅通常置于床边，座板可抬起，底下是一个箱子般的储物空间，用来放置灵修书籍，这在当时的贵妇人中间很是流行。

2–16 座椅（出自英国一座古修道院）。时期：十五世纪

十四世纪末，高档住宅区偏爱明亮丰富的色彩。关于这一点，我们可以从一位古代作家对波西米亚酒店内部装饰的描述

2-17 彭斯赫斯特庄园的长桌。仍摆放于大厅的高台上。

2-18 骑士及夫人卧室坐像（出自克里斯蒂娜·德·皮桑诗集《奥西书信集》中的微型画）。时期：十四世纪（法国）

2-19 雕花橡木床榻和椅子（出自布鲁塞尔皇家图书馆所藏微型画）。时期：十四世纪

中得到印证。这一酒店曾先后为几位名人的居所，1388 年被法兰西国王查理六世赠送给弟弟奥尔良公爵。“宅邸中有一间公爵的房间，挂着金色布幔，布幔边缘饰有朱红色丝绒，上面绣着玫瑰。公爵夫人的房间内挂着朱红色缎子，上面绣着弓弩图案，与她盾徽上的图案相同。勃艮第公爵的房间挂着绣有风车的金色布幔。此外，还有八块质地光滑的地毯，上面绣着金色花朵，其中有一块描绘的是‘七荣七耻’，有一块介绍了查理曼大帝的历史，还有一块则讲述了圣路易斯的生平。此外还有金色的织布垫子，二十四块朱红色阿拉贡皮革，以及四块阿拉贡皮革地毯，‘夏天时铺在房间的地板上’。一份物品清单是这样描写公主最为钟爱的扶手椅的：‘一把四足室内椅，漆成精美的朱红色，座面和扶手用朱红色摩洛哥皮革或科尔多瓦皮革包覆，饰有太阳、飞鸟和其他图案，边缘饰有丝质流苏，另钉有饰钉。’”

十三、十四世纪时，商业迅猛发展，威尼斯、日内瓦、佛罗伦萨、米兰、根特、布鲁日、安特卫普及其他众多名城的商人们与东方展开了广泛的贸易，因此变得更加富有。他们的住宅自然也体现出富裕和舒适的一面，而之前唯有王公贵族才能享受到这种体验。贵族阶层对资产阶级的新兴心生不满，便通过制定法律来遏制后者。我们找到了法国国王菲利普四世执政时期（1285–1314 年）所颁布的一项法令——“资产阶级不得拥有双轮马车，不得佩戴金饰、宝石、金冠和银冠。除高级教士和政府要员外，不得使用小蜡烛。拥有 2000 法镑（里弗尔）或以上财产者，可购置单价不超过 12 索尔【3】6 但尼尔的服装，女眷最多只能购置单价为 16 索尔的衣物”，诸如此类，不胜枚举。

【3】索尔是一种名义货币，1 索尔约合 20 法郎，1 但尼尔约合 1 法郎。考虑到银价的巨大变动，十三世纪的 20 法郎相当于现在的 200 法郎。

但这一规定及许多类似规定都是徒劳，资产阶级变得越来越有势力。我们不妨从保罗·拉克鲁瓦的《中世纪风俗习惯》中摘录一段描写当时带家具的公寓的文字。

“墙上挂着珍贵的塞浦路斯挂毯，上面绣着夫人名字的首字母缩写和她信奉的格言。床单是用法国兰斯产的上等亚麻精制而成的，花费超过 300 镑。被子使用的是蚕丝和银丝混纺的新布料。地毯金光灿灿。夫人身着优雅的深红色蚕丝裙，头和胳膊靠在枕头上，枕头上装饰着东方产的珍珠做的扣子。值得一提的是，这位夫人并不是什么威尼斯或热那亚的大商人的妻子，她的丈夫只是个小零售商，卖的东西售价不超过 4 索尔。由此看来，克里斯蒂娜·德·皮桑【4】认为这段逸事‘值得记录下来得以流传’，也就不足为奇了。”

到十四世纪末，我们发现“椅子”上又增加了华盖，多用橡木或栗木雕刻而成，有时还精巧地镀上金并点缀色彩。加了华盖的椅子很是笨重，结构上类似于宝座，到十五世纪末就已被淘汰了。值得注意的是，尽管我们还是沿用了诺曼法语中的“chair”一词，法国人自己却摒弃了这个词，转而使用它的同义小词“chaise”来指代那些十六世纪出现的更小型的、没那么笨重的座椅。

十四世纪时，巴黎工匠们的手艺已经非常高超。需要注意的是，古文献中描写的那些价值不凡的家具均出自巴黎工匠之手。据拉克鲁瓦所说，有一段关于宫廷银匠艾蒂安·拉·封丹（Etienne La Fontaine）的记载，可以让我们对当时椅子制作和装饰的奢华程度有所了解。当时流行在椅子上镶嵌宝石，因此，1352 年他为法国国王制作的一把银质扶手椅，装饰了珍珠、水晶及其他宝石，造价不低于 774 金路易。

2-20《新生儿》。反映了十四世纪末或十五世纪初的室内装潢。（出自《美人埃莱娜的故事》中的微型画，巴黎国家图书馆收藏）

2-21 克里斯蒂娜·德·皮桑画像。坐于加有木雕华盖的椅子上，椅背衬有织锦。（出自勃艮第图书馆文献中的微型画，布鲁塞尔）时期：十五世纪

2-22 有乐手助兴的正式宴会（出自巴黎国家图书馆收藏的微型画）。时期：十五世纪

【4】克里斯蒂娜·德·皮桑（Christine de Pizan）是欧洲中世纪著名的女作家，是欧洲历史上第一位以写作为生的女作家。她的作品体裁多样，有诗歌、小说、史诗、传记等，内容涉及政治、军事、教育、伦理、女性问题等诸多方面。（译注）

2-23 橡木雕花高背椅（哥特风格）。时期：十五世纪（法国）

2-24 中世纪床榻和卧室（出自古建修缮师维奥莱-勒-杜克之手）。时期：十四世纪至十五世纪（法国）

2-25 伏案工作的抄写员。房间内有一张书桌和一个装有手稿的柜子（出自古代微型画）。时期：十五世纪

在路易九（又称圣路易 ）执政时期，正式宴会和重大场合中开始出现华丽的刺绣品，并饰有华美的徽章和图案。事实上，很可能正是因为当时流行使用华丽的摆设和桌布装饰桌面，并为椅子配上丝绒刺绣的坐垫，才使得贵金属制作家具的风气逐渐偃旗息鼓，而木雕工艺开始受到青睐。

这一时期，似乎只有在非常特殊的场合才会使用椅子，因为它们确实太过笨重，不便于搬动。十五世纪初期的文献中有一张微型画显示，在正式宴会上，嘉宾们坐在有背长椅上，椅背上雕刻着时兴的哥特式装饰元素。根据沃尔特·威廉姆·斯基特（Walter William Skeat）编纂的《英语词源学词典》，我们现在所说的宴会（banquet）一词据说就是从这些场合所使用的“bancs”（长椅）或“benches”（长木凳）演变而来的。

皇宫的大厅曾是查理五世宴请卢森堡查理大帝的地方，配有三个餐具柜（dressoir），用来陈列当时流行的金银酒杯和花瓶。餐食摆放在大理石桌上，王子们就座的每把椅子上都配有单独的华盖，金色布幔上绣着百合花。

这一时期，普通人家的家具仍非常简单。多少经过雕饰并装饰着铁花的箱柜，橡木或栗木的有背长椅，凳腿雕花的凳子或长条凳，一张床榻，一把祷告椅，一张桌面为厚原木、桌腿具有某种造型的桌子——这些差不多就是十五世纪前法国富商的家里主要房间的全部家具了。桌子较窄，宽度显然不超过30英寸，因此客人们只能坐在一边，另一边用来上菜。在宫殿和豪华大厅里，上菜的仆人身后还跟着乐手，如插图2-22所示。

谈及十五世纪的德国工艺，南肯辛顿博物馆存有一件复制品，原型是乌尔姆教堂内大名鼎鼎的唱诗班席位，被视作德国木刻工艺斯瓦比亚流派（Swabian School）的最上乘之作。前部华丽的叶纹镶板，哥特式三重华盖饰有以赛亚、大卫和但以理的半身像，完全是设计独到的样例。上面还刻有制作者乔治·塞林（Jorg Syrlin）的签名及年份1468。座席原本有89个座位，花费了大师数年的时间，从上文所说的1468年一直到1474年。

插图2-26所示的两把德国哥特式椅子原本藏于古堡中，是代表当时工艺水平的绝佳家具样本。插图出自德国建筑师海德鲁夫（Carl Alexander Heideloff）教授现场绘制的画作。

南肯辛顿博物馆存有数件十三世纪至十五世纪重要木制品的全尺寸石膏复制品。由于制作时间已被证实，我们可将其与同一国家文艺复兴后设计上已经完全改变的作品进行比较。在意大利，直到十五世纪下半叶，都是拜占庭式和哥特式相融合的风格唱主角。关于这一特征，我们可以观察一个重要的复制品，其原型是比萨洗礼堂著名的布道坛，制作于1260年。布道坛的立柱由石狮支撑，与约两百年后只是作为纹饰出现在设计中不同，此时的石狮以一种极为不可思议的方式，用背上的凹陷部位承载了立柱以及巨大的上层结构的全部重量。每一处弧拱的拱肩处，都雕有一位姿态古怪的圣人，背景为哥特式叶纹。这个布道坛在很多方面都与博物馆收藏的文艺复兴时期的家具复制品形成了鲜明的对比。

2-26 两把德国椅子（出自海德鲁夫教授“德国古堡”系列丛书中的图画）。时期：十五世纪晚期

中世纪及哥特风格到文艺复兴的转变，在英格兰和欧陆城市大小教堂内的木制品中清晰可见。显然，此类建筑中的诸多椅子、靠背长椅和布道台都制作于不同时期，因此从一种风格到另一种风格的转变多少都有所体现。插图2-27所示的佛兰德式碗橱就是这种转变的例证，可以将它与下段提及的法国哥特式碗橱做一比较。南肯辛顿博物馆中央大厅内还展有一具法国圣丹尼斯修道院木刻圣坛牧师席位的石膏复制品，两侧的壁柱有我们熟悉的哥特式尖顶，镶板上则装饰有阿拉伯花饰和涡纹，内部风格为文艺复兴式。制作年代为十五世纪晚期。

2-27 佛兰德式雕花橡木碗橱。开放式下部，上部为嵌板式碗橱。后部显然于之后的文艺复兴时期制作。（原件现存于南肯辛顿博物馆，照片由R. 萨顿公司拍摄）时期：哥特式至文艺复兴式过渡时期（十五世纪）

这一时期留存下来的英国家具非常少见，插图2-28所示的碗橱是英国十五世纪晚期木制品中一件令人较为满意的实物。托架的卷叶形花饰体现了哥特式风格，上部的装饰边框和凹槽表现其吸收了十五世纪末古典主义装饰风格的倾向。这很可能

2-28 英国古橡木碗橱（根据皇家艺术学会会员西摩·卢卡斯先生拥有的原件绘制）。时期：十五世纪

2-29 哥特式橡木雕花碗橱（维奥莱－勒－杜克）。时期：十五世纪（法国）

是为某个英国古修道院所制作的，但碗橱的所有者、皇家艺术学会会员西摩·卢卡斯先生（Seymour Lucas，插图出自他的画作）称，这个碗橱在很长一段时间内都放置于萨顿的弗里斯宫（Freen's Court）——英国内战中王军指挥官亨利·林根爵士（Sir Henry Lingen）的故居。

插图 2-29 所示的哥特式碗橱是十五世纪法国哥特式橡木制品最完美的实物之一，这幅木版画插图还展现了当时人们是如何在两端绣有花边的白色亚麻布上摆放金银盘子的。

如今到了家具史上一个混乱的时期，令人难以归类。从十四世纪末至文艺复兴时期是一个过渡阶段，这一时期的家具很容易被误判为早于或晚于其实际制作年代。M. 雅克马尔（M.Jacquemart）注意到了这个“间断时期”，不过他将其调整为十三世纪至十五世纪。他以这段时期对家具工匠的不同称谓为例，来说明其混乱的特征。当时，“箱柜制作者”（coffer maker）、“木匠”（carpenter）、“旅行箱制造者”（huchier，也即 trunk-maker）常常指的是同一工种的工匠。

到后来才出现“细工木匠”（menuisier 或 joiner）这个词。直到文艺复兴时期，我们才找到“橱柜工匠”（cabinet maker）这个说法。到十七世纪末以后，才有了如里茨内尔（Jean Henri Riesener）等被称为“细木工”（ebenistes）的木工大师。这个词源自“乌木”（ebony），和其他东方木材一样，乌木也是在荷兰人在锡兰建立殖民地以后才被使用的。雅克马尔还注意到，早在 1360 年，就记录了一位名叫杰汉·佩特罗（Jehan Petrot）的专业人士，他被记载为“棋盘制作者”（chessboard maker）。

2–30 法国城堡内一个饰有挂毯的房间，摆有可作为座椅的橡木柜。
雕花橡木座椅。靠背可卸，摆放于壁炉前。
时期：十五世纪晚期（法国）

2–32 法国古堡内景。展示了当时的家具。时期：十四世纪末或十五世纪初

2–31 药剂师店铺内景。佛兰德式。（出自古代画作）时期：十四世纪末或十五世纪初

2–33 布列塔尼安妮皇后在宫室。表现了皇后在夫君征战意大利时悲伤落泪的场景。（出自圣彼得堡图书馆微型画）时期：十五世纪

第三章　文艺复兴时期的家具

3-1 首字母装饰图——女像柱橱柜

写到文艺复兴时我总难以摆脱深深的疑虑——已有太多饱学之士洋洋洒洒，挥毫泼墨，全面书写了这个时代，我担心自己无法完全公正地再现当时的情况。单单一章的篇幅实在有限，我们只能匆匆一窥文艺复兴对设计风格的影响及这种影响在家具和木制品上的体现。这种变化起源于意大利，随后在其他国家出现，影响了若干欧洲国家的设计者和工匠。要理解这些变化最简单的方法，也许就是将这一章按照影响产生的先后顺序，分解为一系列较短的篇章。

十五世纪末，几乎在全球范围内出现了古典文学大流行，我们认为当时甚至有人试图把拉丁文变成世界通用语言。可以肯定的是，意大利艺术文化被一个又一个国家所采纳，一位著名的建筑学作家帕克先生[1]评述道：“现代欧洲各国的本土风格直到十九世纪中叶才得以复苏。”

我们参考博物馆中的无数藏品，回望艺术史，总会为人类的想象力如此缺乏创新而感到震惊。辉煌的古董一直是我们的经典标准，希腊艺术家的古老设计似乎总会在某个时候以某种方式回归，这不过是时间问题。然后，潮流又会偏离一段时间。等世界开始厌倦过度装饰，渴望通过古代雅典艺术家所遵循的简洁线条寻求平静与安宁时，这股经典又会再次盛行于世。

【1】疑为约翰·亨利·帕克（John Henry Parker，1806–1884），英国考古学家、建筑学方面的作家。（译注）

意大利文艺复兴时期的家具

意大利是文艺复兴的发祥地。可以说，是莱昂纳多·达·芬奇（Leonardo Da Vinci）和拉斐尔（Raphael）引导了意大利人的艺术直觉，使他们摒弃了拜占庭哥特风格。而据法国艺术评论家和作家鲍那非先生（M. Edmond Bonnaffe）所言，意大利人在接受拜占庭哥特风格时，也并未将其视为永恒不变的规则，而只不过是“退而求其次”的一时风潮罢了。

3-2 拉斐尔装饰作品复制品。位于梵蒂冈拉斐尔凉廊。时期：意大利文艺复兴

3-3 埃德蒙·鲍那非先生的会客室。按文艺复兴风格装饰并配置家具。

很难去断言这一新时代究竟是从什么时候开始的。不过由英国艺术史专家、艺术品商人和鉴赏家麦可·布莱恩（Michael Bryan）所写的达·芬奇传记中记载的有关事件，能够让我们了解到一个大致日期。包括达·芬奇在内的众多艺术家的赞助人、米兰公爵卢多维科·斯福尔扎（Ludovico Sforza，1452–1508）于 1494 年将这位大师任命为他学院的绘画和建筑总督导。布莱恩参考了同时代其他作家的著作，他说："达·芬奇一开始履职，就摒弃了他的前任、意大利佛罗伦萨流派画家多米尼克·迪米切利诺（Domenico di Michelino）所建立的全部的哥特规则，引入了优美简洁而纯粹的古希腊罗马风格。"

3-4 十六世纪房间（《艺术杂志》复制）

几年后，人称战神教皇的尤利乌斯二世（Julius Ⅱ，1443–1513）开始建造圣伯多禄大教堂，也称圣彼得大教堂。这座宏伟的教堂如今仍然存世，设计者是乌尔比诺的布拉曼特（Bramante d'Urbino，1444–1514），文艺复兴鼎盛时期最杰出的意大利建筑家，他是拉斐尔的亲戚和朋友。布拉曼特去世后，教皇利奥十世（Leo X，1475–1521）将工程托付于拉斐尔，而拉斐尔去世若干年后，米开朗琪罗又接受了这一委任。

这让我们清晰地看到，意大利在品位上的这一重要变化究竟发生于何时——正是十五世纪末到十六世纪初，而木刻工艺品也跟上了这个新方向。

当年法国和德国轮流兴兵，侵占意大利的丰饶土壤，战争困扰了意大利数十年。利奥十世于 1513 年担任教皇，战后的和平时期令王公贵族们有机会重建和装修宅邸。大兴土木时的挖掘工作使得许多自罗马帝国时期以来一直被深埋于地下的艺术作品重现人间。利奥十世是当时权势煊赫的美第奇家族（Medicis）的成员，而提及这个家族就相当于提及了文艺复兴。在利奥的资助下，再加上意大利各城邦的摄政公爵与君主的协同合作，艺术家们受到激励并获得机会施展才华。米开朗琪罗，提香，拉斐尔·桑西，文艺复兴盛期佛罗伦萨画派最后

3-5 胡桃木雕刻座椅（出自米开朗琪罗故居）

一位代表安德里亚・德尔・萨托（Andrea del Sarto），创新派画家、壁画装饰艺术的开拓者柯勒乔（Correggio）以及许多其他艺术家都树立起不朽荣耀的丰碑。当时，意大利建筑师帕拉第奥（Palladio）正在重建意大利的各处宫殿，皆乃当时世界级的建筑奇观；金匠、画家和雕塑家本韦努托・切利尼（Benvenuto Cellini）和青铜雕刻家洛伦佐・吉贝尔蒂（Lorenzo Ghiberti）则在进行金、银、青铜作品设计，那些令人称奇的杰作如今已非常罕见；还有一大批杰出的艺术家在进行创作，他们的作品使十六世纪成为艺术史上格外耀眼的时期。

意大利贵族所处的环境使其格外容易顺从于艺术潮流的影响。北欧人更需要小型房间带来的舒适感，而意大利贵族以户外生活为主，气候使他们对小房间的依赖程度较低，因此他们自然而然地会追求华丽优雅，而非居家生活与实用价值。他们青睐宅邸里宽敞挑高的会客厅、富丽堂皇的家具，而不是温暖的壁炉和舒适的座椅。于是我们看到有精雕细刻的餐具柜，雕刻纹样为古典元素，却随性自由——这正是这个时代的标志。餐具柜上通常摆放着乌尔比诺（Urbino）、佩萨罗（Pesaro）或古比奥（Gubbio）这几个意大利城市的美丽珐琅陶器。橡木雕花妆奁箱，也称卡索奈衣箱（cassone），更为常见的是栗木和胡桃木的，有时涂漆镀金，有时雕刻着卷草纹和各种图案。橱柜采用建筑轮廓设计，柜体内如神殿般配有台阶和立柱。座椅好似站在宏伟大门边的侍卫，看起来很华丽，作为坐具却不那么吸引人。桌子配有镶饰、镀金和雕花，大理石桌板或以佛罗伦萨马赛克装饰桌面，但桌子的高度表明通常不可能作为家用。还有配上华美雕饰和镀金镜框的镜子。无论在设计还是比例上，这些实例都展现出一种重豪华不重家用的风格。

3-6 威尼斯风格大茶几。带雕花和镀金。（藏于南肯辛顿博物馆）

3-7 胡桃木雕花嫁妆箱（布鲁日伯爵藏品）。时期：文艺复兴（威尼斯。十六世纪）

这些考究的会客厅和走廊墙上挂有热那亚工艺制作的华丽丝绒，装饰着压印纹章的烫金皮革。还有一种涂料制模的装饰技术被应用于木制品，造型完成后再镀金或上漆——这种装饰技术学名为“意大利石膏工艺”（gesso work）。

玄关桌、椅子、凳子和镜框先进行雕刻，再经过威尼斯和佛罗伦萨工匠的镀金工艺处理后，呈现出一种富丽堂皇的效果。镀金的步骤是将金箔放在红色预制层上，然后对需要镀金的部分进行充分的压磨抛光[2]。南肯辛顿博物馆内就有几件这样的藏品，时间流逝和磨损使红土预制层从褪色的金箔下显露出来，色彩和谐，惹人喜爱。其他的十五世纪意大利雕刻品以镶金点缀，如古董卡索奈衣箱的正面那样，其余部分则展示出胡桃木或栗木华美温润的色泽，原木色在制作过程中几乎完全被保留。

小型家具当中，这一时期的手风箱和墙面托架尤其值得一提，因为它们雕工精美，纹样通常细致考究。插图 3-9 正是一件南肯辛顿收藏保存的手风箱。在著名的中世纪艺术品商人和鉴赏家荷林瓦斯·莫克尼亚克（Hollingworth Magniac）的收藏品中，有一只雕花精美的威尼斯手风箱，就具有上述特点。在 1892 年 7 月的莫克尼亚克收藏品拍卖中，这只手风箱卖出了 455 基尼的高价。

值得一提的是以镶嵌工艺装饰木制品。“古代家具概述”一章中写到，象牙早在公元前六世纪就作为镶嵌饰品得到应用，而在欧洲的复兴和发展则出现于十三世纪末的威尼斯。象牙以几何设计图案嵌入乌木或棕色胡桃木，或是类似于玫瑰木的木材中。此类材质的盒匣箱奁残部至今尚存。中世纪学专家、象牙雕刻工艺书籍收藏家威廉·马斯克尔先生在他关于象牙工艺的手册中提到，大概是由于当时在意大利难以买到象牙，质量上乘的骨头常被用作替代品。这类工艺被称为拼花镶嵌（Tarsia）、细木镶嵌（Intarsia) 和镶嵌术（Certosina），最后一

3-8 嫁妆箱。雕花镀金，绘有主题性图案意大利。时期：十六世纪

3-9 意大利胡桃木雕花手风箱（藏于南肯辛顿博物馆）

3-10 意大利雕花镜框（藏于南肯辛顿博物馆）。时期：十六世纪

【2】此种镀金工艺，在要镀金的图形上涂满富含铁元素的红色玄武土调制的泥，将片片金箔铺在图形上，用一般是玛瑙制的抛光器，对要镀金的图形范围内的金箔进行反复压制摩擦，使金箔与图案充分黏合，最后再用镀金毛刷小心清理掉多余的金箔。（译注）

词来自著名的宗教团体——卡尔特修道会，以纪念修道士们在这一工艺上的造诣。[3]

近十四世纪末，制作装饰性家具的工匠们开始使用各类木材镶拼类似的图案，模仿大理石马赛克作品。随后，这门工艺从简朴的图案开始，如简单的星形或以不同材质的木条拼花制成门上嵌板，逐渐发展为精致的图画，描绘风景、教堂外观、房屋或景色优美的遗迹场景，乃至人物和动物的形象。日益增长的跨国贸易提供了更多种类的木材，因此也自然而然地对镶嵌工艺起到了支持和促进作用。一些早期意大利细木镶嵌作品，其装饰是在嵌板表面一片片雕刻制成的。随着工匠们的技艺越来越精巧，饰面薄板的应用开始出现，需要表现阴影的地方用热砂烫焦[4]的手法来提升效果，锯木接缝处的缝隙则用黑色木头或着色胶水填充，使设计图案更加清晰。

3-11 十六世纪的“保险柜”（Coffre fort）

前文已提到过当时的箱盒器物，家具上的金属装饰配件无疑演化自用来加固老旧箱盒的铁质包角和铰链板。此时的工匠们开始将产品制作得既实用又美观，因此铁质包角、箱箍或箱扣的做法也自然随之转变了，或直接铸造出装饰形状，或用镌刻花纹的金属来制作。十六世纪金属匠人的技艺已臻后无来者之境界。那些产自意大利和德国的令人赞叹的配件，无论钢、铁还是铜质，比起木匠制作的简易质朴的箱盒来倒是重要得多的艺术品，而这些配件完全是依附那些箱子盒子而存在的。插图3-11所示的木版画展现了南肯辛顿博物馆收藏的一个绝佳的保

【3】帕维亚卡尔特修道院（神圣罗马皇帝约瑟二世曾镇压过的一个卡尔特会修道院）里的圣坛屏风嵌板和唱诗班席位背后的嵌板是著名的早期细木镶嵌作品。英国建筑家、皇家艺术院准会员托马斯·格拉汉姆·杰克森（Thomas Graham Jackson）在关于这一工艺的文章中说，这些嵌板是一位名叫巴托洛梅奥的伊斯特利亚艺术家的作品，年代可追溯至1486年。这位作者还写到过更加精细的细木镶嵌作品——意大利贝加莫省（Bergamo）的圣母大殿（Sta. Maria Maggoire）内唱诗席位上的拼镶图画。

【4】在细木镶嵌时为了表现阴影和深度，有时会使用加热的沙子灼烤薄板适当位置，使木材轻微发焦，颜色变暗。在不能通过嵌入深色嵌片表达阴影时，可以应用此种手法。热沙烫焦带来的自然渐变的色彩，是镶嵌难以实现的。（译注）

险箱样例。装饰纹样用酸液蚀刻而成，造就了仿似大马士革金属波纹镶嵌的外观；箱盖内侧可见结构复杂的箱锁，这是当时存放重要文件的保险箱的特点，那时现代的防偷盗保险箱还没有发明出来。

插图 3-12 则展示了南肯辛顿博物馆的另一件展品，表现了另一种类型的装饰手法，即将象牙雕刻的椭圆形人像和盾徽嵌入箱子表面。这是一件较早期的藏品，既可算是前一章所叙中世纪的作品，也可算是本章所述时代的作品。

3-12 饰有椭圆形象牙浮雕的意大利箱匧（藏于南肯辛顿博物馆）。时期：十五世纪

十六世纪时，彩石镶嵌细工（Pietra dura）首次作为装饰工艺传入意大利并风行起来。这种工艺将高度抛光的珍稀大理石、玛瑙、硬卵石、天青石及其他宝石镶拼在一起；也会用象牙雕刻制成浮雕，或嵌入最为复杂精美的阿拉伯花饰纹样中；橱柜与箱盒的装饰则用到了玳瑁、黄铜、珍珠母贝及其他昂贵材料。佛罗伦萨、乌尔比诺、费拉拉和其他独立城邦的王公们要和罗马、威尼斯、那不勒斯的贵族一较高下，看谁家的装饰更加奢华、出手更加阔绰，于是点缀中还用上了阴阳雕的银片。无尽的攀比带来了必然的品位倒退。其结果是，夸张的装潢和泛滥的饰品使人的眼睛疲惫不堪。

埃德蒙德·鲍那非比较了意大利文艺复兴晚期和十六世纪晚期法国的木制品，直截了当地评论道：“在他们看来，木的艺术在于矫饰；在我们看来，它在于体现木材本身的价值。”

3-13 意大利胡桃木雕花椅（按南肯辛顿馆藏真品绘制的图片）。时期：十六世纪

十九世纪英国诗人及艺术评论家约翰·拉斯金（John Ruskin）在《威尼斯之石》一书中言辞犀利地提到了文艺复兴晚期的过度装饰问题。作者描述了当时威尼斯的艺术如何从拜占庭风格变迁到哥特风格，又从哥特风格变迁到文艺复兴风格。他将文艺复兴的艺术风格分成了三类：一、由拜占庭转变而来的文艺复兴风格；二、由哥特转变而来的文艺复兴风格；三、在文艺复兴基础之上转变而来的文艺复兴风格。而对第三类艺术风格，这位老资格的艺术批评家称之为“双重黑暗”。这是

他独特的批评术语之一，对此许多人虽不能完全理解，但还是能感受其中的立场与态度。

概括总结装饰特点时我们会发现，中世纪家具装饰雕刻的主题来自圣人生平和诗文中的浪漫故事，而文艺复兴时期的雕刻家则会刻画经典神话、寓言场景，比如表现自然元素、季节、月份、基督教四枢德（智、义、勇、节等四德），或是古人的战斗场面和胜利游行场景。

3-14 乌木橱柜。带大理石马赛克和镀铜装饰，佛罗伦萨工艺。时期：十七世纪

在文艺复兴早期，橱柜的轮廓和大致设计明显借鉴了古罗马的凯旋门和石雕棺椁；随后又进行改良，发展出雅致优美的多样设计。然而之后随着衰退时期的到来，就像插图 3-13 所示的两把椅子那样，家具的外轮廓线由于过度装饰而变得模糊，甚至被破坏。

插图中所展示的意大利文艺复兴家具样本，使得我们无须多费笔墨去进行描述。我们尽可能地挑选了能代表不同工艺的家具图片。南肯辛顿博物馆内可供研究的妆奁箱前面板、嵌板、椅子及橱柜样本不计其数，我们很容易就能对这一时期的意大利装饰性木艺品形成一个大致的了解。

3-15 威尼斯仪典座椅。椅架雕花镀金，椅套为绣花丝绒布，年代约为 1670 年。（爱德华七世，在温莎城堡的私人财产）

法国文艺复兴时期的家具

伟大的工艺美术复兴自意大利传入法国。国王查理八世（1470–1498）曾执掌那不勒斯两年（1494–1496年），他从意大利带回了一些艺术家，其中有贝纳迪诺·达布雷西亚（Bernadino de Brescia）和多米尼克·达科托那（Domenico da Cortona）。这使得当时衰败落后的法国艺术得以重获新生。以庇护艺术闻名的弗朗索瓦一世（1494–1547）雇用了一位意大利建筑家来修建枫丹白露城堡，重修前的城堡不过是一座旧式林中猎舍。达·芬奇和意大利画家安德烈·德尔·萨托从佛罗伦萨前来进行室内装潢。朱里奥·罗马诺（Giulio Romano）的一代代门生也将其风格传入法国，对法国艺术产生了影响。朱里奥是意大利画家，拉斐尔的学生和继承人，曾经协助他的老师绘饰梵蒂冈敞廊。亨利二世（1519–1559）与凯瑟琳·美第奇（Catherine de Medici）的婚姻更加强了意大利艺术的影响力，随后亨利四世（1553–1610）与玛丽·美第奇（Marie de Medici）的结合进一步延续了这种影响力。亨利二世的情妇戴安娜·德·普瓦婕（Diane de Poitiers）曾是艺术家们的恩主。枫丹白露“体现了国王们的光辉荣耀，包括从弗朗索瓦一世到亨利四世的所有这些热衷于欢愉与华美的国王们”，这话确实中肯。

除了枫丹白露以外，弗朗索瓦一世还建造了香堡（也称香波城堡）[5]、罗亚尔河畔的舍农索城堡和马德里城堡等，并启动了卢浮宫的建造。

因为有国王做榜样，臣民中较富有者也开始重建或改建自己的城堡和府邸，将之装修成意大利风格，摆放的家具也仿造意大利家具设计，包括橱柜、椅子、箱柜、衣柜、桌子，以及

【5】建筑研究权威注意到，法国文艺复兴风格区别于意大利文艺复兴风格的主要特点在于，法式风格中新派的细节与装饰被直接嫁接到旧式哥特风格的基础之上。香堡即是这种融合的范例。

其他各式摆设。

木制品的特点自然与建筑设计风格统一。壁炉直至十五世纪末都是用石头垒造的，此时开始使用橡木制作，雕刻华美，装饰有领主（seigneur）纹章。十九世纪法国建筑家和建筑理论学家维奥莱－勒－杜克（Eugène Emmanuel Viollet–le–Duc）告诉我们，人们在十五世纪开始使用祷告椅。这种椅子此时变得更高大更华丽，有些特别庞大几乎可称得上是一个小型祈祷室，椅背雕镂成圣坛状，雕工极为审慎精细。要知道在法国，教堂里直到十五世纪末还没有长凳或椅子，因此贵族们通常在城堡中的私人教堂里祷告，而中产阶级则在家宅里的主厅中祷告。

十六世纪的大型高背椅（chaire a haul dossier）、扶手椅（chaire a bras），以及家用转椅（chaire tournante），皆属这一时代。插图 3–16 展现了当时时兴的文艺复兴风格的精美雕刻作品。

3–16 橡木雕花嵌板（1577 年）

除了专为领主们而设的椅子外，还有略小型且更方便的凳子，凳子的支架像是上下端没有封口的“8”字，上面有雕花。

橱柜分为上下两部分，下半部分有时是以女像柱为支撑的柜架；枫丹白露城堡内一个有名的橱柜就是这样，本章开头首字母装饰图案便来自那个橱柜的女像柱。有的橱柜带有柜门，柜门整体饰以雕花；柜子上半部分装饰有雕刻华丽的挡板，挡板打开露出抽屉，抽屉正面面板也雕刻有精细的花纹。

埃德蒙德·鲍那非先生在研究十六世纪法国家具的著作中，提供了至少 120 幅插图，涵盖了产自奥尔良、安茹、缅因、土雷恩、贝里、洛林、勃艮第、里昂、普罗旺斯、奥弗涅和朗格多克等市镇以及首都的“桌台、箱奁、衣橱、餐具柜、椅子和长凳”。其中首都巴黎的木制品名头响亮，某些家具在旧时文献中特别说明为“产自巴黎”。

鲍那非也提到，弗朗索瓦一世更喜欢雇用法国本地工匠，

3–17 卢昂的圣文森特教堂（“二战”中被炸毁）中的装饰嵌板。时期：法国文艺复兴早期（弗朗索瓦一世时期）

3–18 壁炉台。枫丹白露城堡，亨利二世画廊中。时期：法国文艺复兴（十六世纪早期）

3-19 木刻画临摹图。德裔瑞士木刻画家约斯特·安曼（Jost Amman）绘制，展现了当时手工作坊的内部装潢。时期：十六世纪

意大利工匠仅负责提供设计和引入新兴风格。他列举了当时最受瞩目的法国家具木工和雕刻工匠，并补充说，木匠雅克·拉尔当（Jacques Lardant）和米歇尔·布尔丹（Michel Bourdin）因制作了若干个"餐具柜（buffets de salles）""支架搁桌（tables garnies de leur treteaux）""木质烛台吊灯（chandeliers de bois）"，以及其他家具，获得了不少于15700里弗尔的报酬。

插图3-20所示的床架，在法国文艺复兴家具中很有代表性。它是波城古堡陈设中的一件，曾属于纳尔瓦王国女王胡安娜三世，胡安娜·达尔布雷（Jeanne d'Albret，1528－1572），她于1553年在波城诞下亨利四世。这张橡木床架因年深日久而呈现出温暖富丽的色泽，雕花细节保持得清晰分明。床架下部飞檐上刻着年份——1562。

这副床架和法国宫殿中的其他家具陈设，都是国家收藏品的一部分。关于这组收藏，爱德华－托马斯·威廉姆逊（Édouard Thomas Williamson）所著《国家家具管理委员会的艺术家具》（*Les Meubles D'Art du Mobilier National*）一书中有精彩插图和描述。这本书为文艺复兴时期家具的研究文献添上了宝贵一笔，很值得参考。

另一件十六世纪法国四柱床架收藏于克吕尼博物馆，年代大概比波城古堡的那一件晚几年。床架两个低柱的雕花部分更类似于英国伊丽莎白时期的作品。

在1877年举办的"里昂怀旧展览"上，曾经展出过一组重要的法国文艺复兴时期的雕花家具。里昂考古博物馆馆长让－巴蒂斯特·吉罗先生（Jean-Baptiste Giraud）曾写过一本很有价值的著作[6]，出版于1880年。书中再现了其中约50件比较重要的家具样本，介绍了每件展品出借者的名字及其他细节信息。插图3-22中的"里昂"橱柜便是其中之一，橱柜收藏者名

【6】《1877年里昂怀旧展览中的造型木雕家具》（*Meubles en bois sculpte ayant figure a l'exposition retrospective de Lyon en 1877*）

3-20 胡安娜·达尔布雷的雕花橡木床架［出自波城古堡（属于国家家具管理委员会系列藏品）］。时期：法国文艺复兴时期（1562年）

3-21 法国橡木雕花橱柜（藏于卢浮宫博物馆。亚历山大·夏尔·索瓦热奥（Alexandre Charles Sauvageot）私人藏品）。时期：十六世纪早期经波索·瓦拉东先生画廊及艺术品经销公司（Messrs. Boussod Valadon et Cie）允许复制使用插图

3-22 橡木雕柜（产自里昂）。时期：十六世纪下半叶

叫 E. 艾那德先生（E. Aynard）。至于 1893 年在巴黎卖出的史匹哲（Spitzer）【7】系列收藏，则包括了几件精美的法国文艺复兴时期的橡木家具，卖出的价钱极高。

亨利四世晚期，法国的装饰艺术风格陷入倒退，变得不合理不协调。建筑和装饰不再有统一原则为引导，只遵循个人反复无常的喜好。毫无意义的半嵌入壁的方柱、柱顶的多层水平装饰、扭曲变形的飞檐，取代了亨利二世时代的简洁轮廓和低调装饰。直至波旁王朝的路易十四大帝（1638–1715）统治下高雅品位出现大复苏之前，法国曾一度充斥着缀饰豪华而设计恶俗的装饰性家具。在南肯辛顿博物馆藏有一件这样的石膏模型，再现的是当年梅内西（Mennecy）附近的维勒鲁瓦（Villeroy）的领主城堡中的一个壁炉台；这座壁炉台乃法国文艺复兴时期雕塑家哲曼·皮隆（German Pilon）之作，他于 1590 年去世。从这件作品中能够清晰地看到前文所说的设计缺陷。另一件是卢昂圣马克鲁教堂橡木雕花大门的石膏模型，设计者是十六世纪中叶的法国雕塑家和建筑师让·古戎（Jean Goujon）。大门工艺精美，但佐饰过度。

路易十三（1601–1643）时期，椅子比起之前更加舒适。法语词汇中出现了“chaise”（椅子），是“chaire”（座椅）的指小形式，表示形状不那么像王座的、多做日常用途的椅子。这一时期的椅子不再做全身雕花，而是包覆以丝绒、织锦或绣品；椅架被包裹起来，只露出略做雕花的椅腿和扶手。在 3–23 插图中，国王与朝臣就座的正是这样的椅子。嵌木细工更加常见；大衣柜、斗橱和带有容膝空当的书桌表面覆盖着棕褐色木料制作的镶嵌画，表现插满鲜花的花瓶或鸟儿，加以骨片和象牙点缀，整体嵌入黑色的着色木基底——与若干年后的荷兰镶嵌家

【7】弗雷德里克·史匹哲男爵（Frédéric Spitzer，1815–1890），中世纪及文艺复兴艺术品收藏家和古玩商人，他的藏品于 1893 年拍卖，英国收藏家乔治·索亭购买了其中的很大一部分，死后留赠给大英博物馆、伦敦国家美术馆及南肯辛顿博物馆。（译注）

具很相似，但各式贴面用色较荷兰家具要少一些。镜子做得更大，房间装饰有天花板吊角线和墙壁下部护板，地位尊贵的女士们的卧房陈设也开始变得豪华起来。

诺曼底迅速接纳了建筑与家具的新设计，卢昂的雕刻师们和细木工们也因其作品而出名，毗邻的布列塔尼省却表现出对其早期设计的留恋，这略显奇特。在种种风尚变迁中，坚定的布列塔尼人大致保留了其家具中纯朴粗犷的古雅之感。若干年前，笔者在去兰斯的航行中因水深不够轮船搁浅，因而有机会参观了距迪南几英里的乡村农舍。在那里还能看到不少古朴粗放的家具。床新奇有趣，设有不同铺层，分别供父母和孩子躺睡。床的设计看似一个嵌入墙内的橱；橱外还有两扇摩尔风格[8]设计的栅格橱门，带着圆轮图案和纺锤形镂空，白天橱门关闭。搭配床铺的还有类似设计的衣柜、半摩尔式半拜占庭式饰有浮雕的木箱（huche）或箱奁。木箱既可作爬上床用的台阶，也可作为桌子。以上这些家具，如今仍是家境良好的布列塔尼农场房屋的家居配备。

那些奇趣家具最早出现的时间大约在十五世纪中期，富裕的农民将它们代代相传。衣柜、碗橱、桌子和门的制作仍在圣马洛附近进行，如今那里依旧可以找到一些旧式家具。

3-23 路易十三和朝臣在厅中看戏（出自1613年的微型画）

3-24 路易十三风格的会客室装潢

【8】摩尔人，指中世纪时期北非、伊比利亚半岛、西西里和马耳他等地的阿拉伯人，摩尔式建筑特色包含拱门、拱形圆顶以及阿拉伯文或者几何图形的装饰。（译注）

尼德兰文艺复兴时期的家具

在尼德兰，强大的勃艮第家族的王侯们已经为文艺复兴的到来准备了肥沃的土壤。由于勃艮第的玛丽（Mary of Burgundy，1457–1482）与奥地利大公、神圣罗马帝国皇帝马克西米利安（Maximilian，1459–1519）结合，当时被称为佛兰德斯和荷兰的两个国家归入了奥地利辖下。两人的女儿就是奥地利的玛格丽特（Margaret of Austria），她于1507年被任命为当时包括荷兰、比利时和卢森堡在内的低地国家的“总督”。她以自己的良好品位和开明思想继续推动这股影响力，当时似乎是她引入了意大利艺术家，并鼓励本土工匠。我们了解到，佛兰德斯建筑家和雕塑家科内利斯·弗洛里斯（Cornelis Floris）引入了意式装饰和奇异的饰边，建筑家和画家皮埃尔·寇驰（Pierre Coech）则接纳并推行了古罗马建筑师马可·维特鲁威·波利奥（Marcus Vitruvius Pollio）和意大利建筑师塞巴斯提亚诺·塞利奥（Sebastiano Serlio）的设计。木刻工们修建并装饰了一座又一座教堂、宫殿、市长宅邸、市政厅及富人的居所。

最初，橡木几乎是唯一使用的木料，很是单调。幸而，与印度群岛的通商带来了乌木和其他珍贵木材，使得这些木材也可用于当时的家具和木制品的装饰。

最有名的豪华木雕作品是布鲁日的著名厅堂和壁炉台，雕着一群小天使和盾形纹章，四周有细腻的繁花环绕。这件繁饰过头的杰作由佛兰德斯画家、建筑师兰斯洛特·布兰德尔（Lancelot Blondeel）和法国建筑师古约·迪博格航（Guyot De Beaugrant）共同设计，雕刻工作则由当红的三位工匠共同完成，分别是赫尔曼·葛罗森坎普（Herman Glosencamp）、安德烈·莱什（Andre Rash）和罗杰·迪斯梅（Roger de Smet）。南肯辛顿博物馆中存有这座庞大壁炉台的全尺寸石膏复制品，下部涂成黑色，展现原作的大理石材料，石膏嵌板上作浮雕装饰，上半部分的天花板雕花富丽，整体为橡木制成。这个壁炉台不仅在艺术上引人注目，从历史的角度也同样值得关注。它是一件独特的丰碑，纪念着查理五世（Charles V，1500–1558）于1529年在帕维亚战胜了法兰西的弗朗索瓦一世。作为战胜者的君主当时不仅是德意志神圣罗马帝国皇帝，还享有勃艮第大公、佛兰德斯伯爵、西班牙和印度群岛国王等种种头衔。皇帝本人和其外祖父阿拉贡国王斐迪南二世（Ferdinand of Aragon）、外祖母西班牙女王伊莎贝拉一世（Isabella I of Castile）的大型塑像，以及皇帝宣告征服联合的约37个不同皇室家族的纹章盾牌，构成了壁炉台细腻精美的设计中最令人瞩目的特征。

博物馆同一展区内还有一座石膏模型，是奥登纳德市政厅议政堂橡木大门复制品，不过在精美度上逊色不少。素朴的框棂分隔出16块正统文艺复兴风格的雕花饰板，图案是丘比特举着牌板，板上垂下卷草纹；门两侧有立柱支撑，柱体下部雕花，底座为方形。作品年代为1534年，略晚于布鲁日的雕刻作品，典型地展现了当时的佛兰德斯工艺。

3–25 乌木衣柜。雕刻精美。（藏于南肯辛顿博物馆）时期：佛兰德斯文艺复兴时期

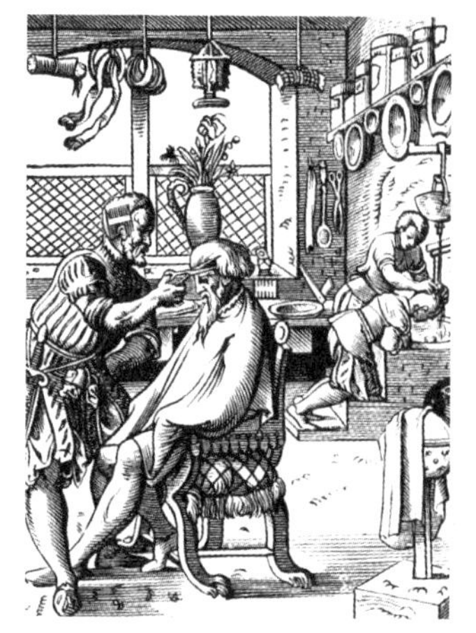

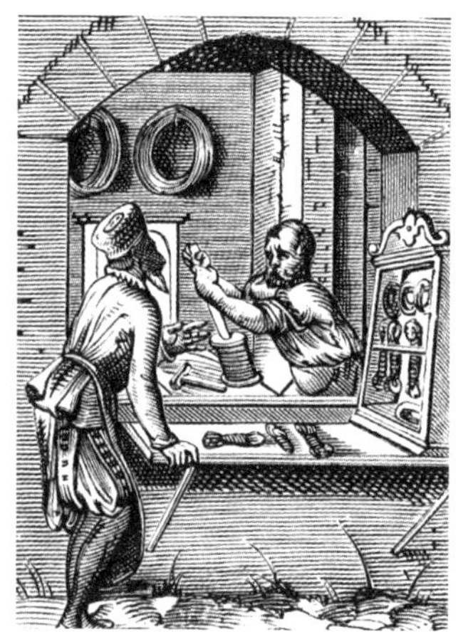

3-26 理发店（上）和佛兰德斯工坊（下）。展现了这一时期的家具（出自约斯特·安曼的木刻画）。时期：十六世纪

聪慧的佛兰德斯艺术家们细致彻底地模仿了各国工匠的典范造型，这使得我们难以判断这一时期的木制品的制作者，也很难将它们与德国、英国或意大利制品区分开。不过在德、英、意制品中可以看到胡桃木的广泛使用，而佛兰德斯造型作品则几乎全部采用橡木。

文艺复兴前期的造型较为纯粹，这个阶段过后，尼德兰的雕刻木制品和装饰性家具的最佳时期大约是十七世纪。此时佛兰德斯设计师和工匠们不再复制意大利造型模式，而是建立了自己的风格，我们称其为“佛兰德斯文艺复兴风格”。

南肯辛顿博物馆藏有建筑师和雕塑家卢卡斯·费代尔布（Lucas Faydherbe，1617–1694）的黄杨木组雕“施洗约翰之死”；阿尔伯托·迪布鲁尔（Alberto di Brule）完成了威尼斯的圣乔治马乔雷教堂唱诗席的雕刻工作。费代尔布、迪布鲁尔以及维尔布鲁根父子（Verbruggen）均属当时佛兰德斯最著名的木雕大师。弗里德曼·德弗里斯（Vriedman de Vriesse）和荷兰画派画家克里斯宾·德帕斯（Crispin de Passe）虽然在法国工作，但追根溯源仍属于这个世纪的佛兰德斯。一些最出名的画家，如荷兰现实主义画派的奠基人弗朗斯·哈尔斯（Frans Hals），佛兰德斯画家、制图师和挂毯设计师雅各布·约尔丹斯（Jacob Jordaens），伦勃朗，加百列·梅特苏（Gabriel Metsu），工艺和肖像画家弗朗斯·范·梅里斯（Frans van Mieris），都属于这个时期。这些早期绘画大师以画笔展现精美的室内装潢，画中带刺绣的帷幔和华丽的盖布缓和了深色橡木雕花家具的阴沉色彩。某些画作中展现的华丽景象难以凭想象描绘，画家们一定在繁荣的佛兰德斯地区的豪门绣户里亲眼看到过。

在研究英王詹姆士一世时期家具的第四章，我们会谈到英国从佛兰德斯木匠那里受到的影响和帮助。南肯辛顿博物馆收藏的十七世纪末英国的嵌木细工古董，显示了两国家具在手法造型上的相似之处。荷兰的造型工艺一直颇为高超，虽然在十七世纪中其精细程度逐渐减退，比例却一直保持得很好，姿态也十分自在洒脱。

庞大厚重的衣柜是十分典型的十七世纪荷兰家具。常见的柜子有三根立柱，中央一根，两侧各一根，通常构成柜门的一部分；柜门雕刻精美，门上装饰的方形嵌板中央雕花，四周有线脚修饰。南肯辛顿博物馆藏有此类家具以及一些早期的佛兰德斯作品。那时的文艺复兴风格更为纯粹，且如前文所述，本国风格相对弱化。

这一时期的嵌木细工作品极其华丽，设计较活泼，但木材色彩更多样，并增添了小块的珍珠母贝和象牙增强效果。再后来，这类嵌木细工变得绚丽而粗糙，薄木贴面颜色粗鄙俗丽。朴素的旧桃花心木家具装点上一层过度着色的薄贴面，俗艳廉价，毫无精致可言。

不过，在北荷兰省的阿尔克马尔镇（Alkmaar）、荷恩（Hoorn）及其他城镇，有些家具有独特奇罕之处，值得研究。比起之前提到的佛兰德斯城市里的家具，北荷兰省的手法因为显得更原始而古趣盎然——在这里，北荷兰省人的古老农家房屋里陈设着灯芯草编椅座并漆成绿色的椅子、三脚桌、绘着粗犷花朵和图案的嫁妆箱，色调基本以明绿鲜红为主，装饰感极强。

3-27 正在用餐的佛兰德斯市民（十六世纪手稿）

西班牙文艺复兴时期的家具

我们已知道当时西班牙、德国和低地国家都在查理五世的统治之下。因此，想了解究竟是哪一股影响力将文艺复兴的浪潮带给了西班牙的雕刻工和家具木工，已无须另寻他处。

尼德兰文艺复兴美术的奠基者、画家扬·凡·艾克（Jan van Eyck）曾受命为葡萄牙国王若奥一世（1358–1433）的女儿画肖像。那之后低地国家持续向伊比利亚半岛输送画家、雕塑家、挂毯织工和艺术书籍。法国艺术家也在西班牙找到了工作。与别国一样，旧的哥特风格也逐渐被取代。西班牙画家、雕塑家和建筑师阿隆索·贝鲁格特（Alonso Berruguete）曾在米开朗琪罗的画室中学习，受到了强烈的影响，他也将这种影响带回了自己的祖国。这个历史时期的西班牙财力雄厚、资源丰富，因此西班牙贵族可以极力追求橱柜的华丽豪奢，最开始用凸纹银牌进行装饰，后来则使用玳瑁、乌木及来自印度殖民地的稀有木种。不过栗木通常仍是最受喜爱的基础木材。

3–28 查理五世的轿椅。极可能产于尼德兰。配有可调椅背和立架，需要时可组装成遮篷。（藏于马德里皇家兵器博物馆）

与当时摩尔风格的装饰性木制品同时代的，还有大量按照意大利和北欧风格制作的雕刻作品与家具。约翰·亨格福德·波伦先生引用了一位可靠的西班牙作家、专业博物馆艺术品鉴定者胡安·法昆多·里亚诺（Juan Facundo Riaño）的话：“（木质）雕刻品的辉煌时代属于十六世纪，这要归功于贝鲁格特和雕塑家费利佩·比加尼（Felipe Bigarny）两人作品带来的巨大推动力。费利佩是意大利风格的主要推广者，他辛勤工作打造的托莱多大教堂唱诗席正是西班牙木刻品之懿范。托莱多、塞维利亚和巴利亚多利德在当时都是十分高产的艺术中心。”

3–29 银桌(爱德华七世私人收藏,温莎城堡)。时期：十六世纪晚期或十七世纪早期

这位作家也介绍过一种名为“多屉橱”（vargueno）[9]的独具特色的西班牙橱柜，外观多以精美的铁艺装饰，内部饰有

【9】西班牙文艺复兴时期最有特点的家具，是一种立式衣橱，前面常常做成吊门，用来遮掩后面的许多小抽屉。（译注）

上色镀金的骨质柱子。最后，他写道："当时（十六世纪）的另一类橱柜或带橱书桌很大程度上进口自德国和意大利，余下的则是西班牙本土生产的仿制品，两者极其相似，难以区分。

"除了这些镶饰橱柜以外，镶银饰的橱柜想必是在十六世纪制造的。1594 年曾颁布了一项法令，极其严厉地禁止制造和售卖这类镶银物品，以避免银料短缺状况的恶化。"法令明文规定："不得制造任何以冲压、浮雕、刻雕或未处理的银装饰的橱柜、书桌、箱奁、火盆、鞋履、桌台或其他物品。"

插图 3-29 展示了国王陛下在温莎城堡收藏的精美银桌，大约是十六世纪末或十七世纪初的西班牙制品。

3-30　胡桃木或栗木椅子。皮革包覆，压制浮雕花纹［西班牙瓦黎葛男爵（Baron de Valliere）收藏］。时期：十七世纪早期

不难发现，文艺复兴时期之后很多年，在十七世纪和十八世纪，还能看到西班牙家具木工将象牙嵌入玳瑁制成镶片进行装饰，镶片或表现堂吉诃德的故事，或描述本国最受欢迎的消遣活动——斗牛的场景。严格说来，这并非本章讨论的时间范围。这类橱柜通常为简洁的矩形轮廓，抽屉极多，抽屉正面面板以上述镶嵌工艺装饰。原装的柜架架腿以车床加工，材质为乌木或着色木材。在不少西班牙橱柜的设计中，撒拉逊【10】艺术的影响非常显著；这些柜子通常外观简朴，前门以铰链连接，可向下打开。打开后的柜子极富装饰效果，令人想起阿罕布拉宫殿【11】式的工艺——古雅的弧拱上镶着象牙，呈现出奇特的蓝和朱红的色调——整体上是一种既野蛮原始又丰富强烈的装饰手法。

西班牙和葡萄牙高背椅也属于十七世纪，深棕色皮革上压印着不计其数的人物、鸟儿和卷草纹，钉着黄铜饰钉和其他装饰物。仅有椅腿和扶手能看得出是栗木所制，饰有叶饰或涡卷

【10】最初适用于从现代的叙利亚到沙特阿拉伯这一区域的沙漠游牧民族。这里使用的是广泛含义，指中世纪所有的阿拉伯人。（译注）

【11】位于西班牙格拉那达附近，十三世纪至十四世纪时，摩尔人所建诸王之宫殿，是阿拉伯式建筑之代表。（译注）

纹细雕。3-30展示的就是这一类的椅子。

在法国作家、收藏家让·夏尔·大卫里耶男爵（Jean Charles Davillier）关于西班牙艺术的著作问世之前，西班牙家具的诸多特征鲜有人知。如今我们可以凭借这些特征将西班牙家具和木制品区别于很多同时期的意大利或佛兰德斯作品。博物馆中的一些藏品能够帮助读者辨识此类特征。我们可能会注意到，在雕刻件的造型处理上，有一个常见的问题：雕像姿态略显呆板；且如上文所说，橱柜的轮廓缺乏特别之处。材料上，除了常用的极富光泽的西班牙栗木（胡桃木）外，也能见到杉木、柏木和松木。

格拉纳达的卡尔特会修道院有一座附属的圣布鲁诺礼拜堂，里面的门和内部陈设都是绝好的十七世纪西班牙镶嵌工艺范例。据说早先的卡尔特会修道士们制作了这里的拼花或镶嵌作品，关于这一点本书此前已有提及。

3-31　木箱。装有锻铁配件和可收放的写字板，置于木雕搁架上[蒙布利松先生（M. Monbrison）私人收藏]。时期：十七世纪（西班牙）

德国文艺复兴时期的家具

可以说，是阿尔布雷特·丢勒（Albrecht Dürer）开启了德国的文艺复兴。当时在德国许多城市，已经存在模仿佛兰德斯艺术家的趋势。但在丢勒的影响下，这个偏离旧传统的新趋势得到了高度发展。随着十六世纪的演进，早期哥特风格设计被摒弃，取而代之的是更自由的造型装饰手法、涡卷纹、带装饰的嵌板和线脚，标志着一个全方位的全新艺术时代已经来临。

在奥格斯堡、阿沙芬堡、柏林、科隆、德累斯顿、哥达、慕尼黑、曼海姆、纽伦堡、乌尔姆、雷根斯堡和德国其他老城里，能够见到很多出色的德国雕刻品。

位于威尔特郡的朗福德城堡（Longford Castle）中有一把著名的座椅，虽然是铁制品，但作为德国文艺复兴时期的杰出作品仍值得关注。英国建筑家和艺术品收藏家查尔斯·詹姆斯·理查森（Charles James Richardson）在《英国旧宅研究：府中家具和金银匾饰》（*Studies from Old English Mansions. Their Furniture, Gold and Silver Plate, etc*）一书中详尽描述了这把座椅。它是托马斯·卢克斯（Thomas Rukers）的作品，在1577年被奥格斯堡作为城市礼物献给神圣罗马皇帝。椅背上有城市纹章和皇帝胸像，椅身上还有其他精巧且工艺细腻的主题装饰，描述了各种历史事件：恺撒凯旋，先知但以理解梦，埃涅阿斯登陆[12]等。神圣罗马帝国皇帝鲁道夫二世（Rudolphus II，1552–1612）将这把奥格斯堡铁制宝座摆放在布拉格，瑞典国王古斯塔夫·阿道尔夫二世（Gustavus Adolphus II，1594–1632）劫掠了这座城市，将宝座移至瑞典。大约100年前（约十八世纪），英国古董商人、博物学家古斯塔夫·布兰德（Mr. Gustavus Brander）把它带走，卖给了拉德诺伯爵（Lord Radnor）。

【12】埃涅阿斯是希腊罗马神话中的特洛伊英雄，安基塞斯王子与爱神维纳斯的儿子。他在特洛伊城被希腊军队攻陷后离开故土，历尽艰辛，登陆意大利，建立了新的邦国。（译注）

3-32 钢铁座椅（来自威尔特郡，朗福德城堡）

和佛兰德斯出产的木刻作品一样，德国制品往往也难于辨认，但其主要特征可以概括为：饱满繁复的写实主义，喜爱精密细节。鲍那非先生以非常生动的语言形容了这种风格：“整体让人感到混乱而又生硬，过犹不及且纷乱嘈杂。”

在伦敦摄政公园（Rengent’s Park）奥斯纳伯格街的圣救世主医院（S. Saviour’s Hospital）里，有一座私人礼拜堂，里面有一件杰出的德国文艺复兴晚期的橡木雕刻作品——约 31 个唱诗席位，恢宏的教堂入口。那本来是巴伐利亚州布克斯海姆的卡尔特会修道院中的装饰陈设。后来修道院被世俗化，落入当地地主巴森海姆家族（Bassenheim）手中。唱诗席位和大门被卖出并带到了伦敦，原打算用于装点牛津的某个学院，后被转卖，为笔者购入用于圣救世主医院的内部装饰。在医院礼拜堂尺寸能够允许的范围内，陈设各部分的相对位置尽量保持不变。唱诗席后板雕刻着十二门徒圣像，以及大卫、以利亚撒、摩西和亚伦，还有 18 位圣人的圣像，雕像令人称奇，整体构成了和谐的、精心排列的装饰。修道士们亲自制作这组作品，据说从 1600 年开始，至 1651 年完成。虽然某些权威文献认定这个时间比文艺复兴高峰期要晚一些，但作为那个时期的德国工艺作品仍然极富代表性，因而极具研究价值。由于笔者曾负责将这些陈设安放到现在的位置，因而获得了圣救世主医院的应允，准许艺术爱好者们进入礼拜堂参观欣赏。

3-33 德国橡木雕花食品橱柜（出自德国建筑师卡尔·亚历山大·海德鲁夫教授的手绘图）。时期：十七世纪

英国文艺复兴时期的家具

亨利八世（1491–1547）统治下的英国和平繁盛。国王野心勃勃地要在宫殿的奢华上与同时期的法国国王弗朗索瓦一世争个高下。宫廷建筑设计师帕多瓦的约翰、画家荷尔拜因（约1497–1545）、克勒弗的海弗尼厄斯以及其他艺术家被招徕到英国，带来新的风尚。然而，由于这个变化演进缓慢，我们便有了混杂着哥特式、意大利式和佛兰德斯式的装饰风格，这一风格被称作“都铎式”。

有句话说得好：“封建制度毁于火药。”传统旧式封建城堡难抵强炮之威，随着秩序更迭立新，威压的高墙和林立的城垛如变魔术一般让位于壮丽优雅的意大利大宅。屋顶山墙高耸，一排排窗户和闪亮的飘窗俯瞰着花坛与喷泉点缀的梯台式花园，标志着新时代的来临。

3–34 荷尔拜因风格的橡木雕刻箱DD

当时的细木工在城堡和乡间别墅的室内装潢中举足轻重。本国原产橡木木材在长度上优于国外生长的橡木，正好可以用来搭建宏伟的屋顶。牛津诸厅堂，红衣主教沃尔西（Cardinal Wolsey）建造并献给主子亨利八世的汉普顿宫大厅，以及其他众多公共建筑，仍然保存完好，成为屋顶建造木工艺的精美样本。橡木嵌板应用广泛，用来铺设大厅墙壁。“亚麻卷褶纹样”成为最受喜爱的装饰图案。这个术语描述的是在木质嵌板上雕刻出如餐布裹成细卷的样子，这种做法似乎是从德国制品借鉴而来的。在汉普顿宫中，或在十六世纪早期装修的老教堂中，就能看到这样的嵌板。剑桥大学的国王学院里也能见到一些当时的精美墙面嵌板。

这类作品与建筑学中所称的“垂直哥特式”风格同属一个时期，其中有些堪称是最精美的室内装饰样本，比如西敏寺大教堂中美丽的亨利七世礼拜堂的屋顶和唱诗席的装饰就天下闻名。唱诗席座位下部，又称“椅背凸板”[13]，雕饰极为精美，题材显然取自旧时的德国雕版画作。这件作品在英国设计制作时，哥特风格对建筑和木雕的束缚尚未被彻底抛弃。能够看出，作品中糅杂了后来广为接受的新式意大利风格。

大英博物馆中藏有一些有趣的资料，是亨利八世统治第九年雇用细木工建造亨格瑞夫庄园（Hengrave）时的合约，其中特别约定了“仆从侍餐柜”（Livery）或服务用橱的制作。

“为仆从下人所制之橱不设门扇。”

负责装配这些橱柜的是普通木匠。橱柜有三层，四只柜脚为车木腿，带有一个放餐布的抽屉。这个时期的仆从橱柜没有门，有柄水杯或其他杯具挂在钩上，按需取下，用毕更换。用来清洗杯子的阔口水罐或水盆，也是仆从侍餐柜的必要组成部分。英国历史题材小说家哈里森（William Harrison Ainsworth）曾描写过十六世纪后半叶的英国，其中这样介绍了使用侍餐柜的传统礼仪：

“各人依当时之需，个人之好，唤茶择饮。饮毕，还杯于侍立之仆。仆倾弃杯余，洁之，置杯于橱中原处。”

在研究十六世纪前半叶的家具时需要记住，当时宗教迫害和封建王朝的整体瓦解已使得旧习逐渐被摒弃。依照旧时习惯，一家之主本来在府中大厅［也称“大起居室”（houseplace）］的房间中享用正餐，门客幕僚在旁作陪。而到了这个时期，大厅直通的小室中设置“餐具柜”（dressoir）或“服务用橱”（service cupboard），杯盏就如上文所述的那样放置其中；房间内还放置一个床架、一把椅子、一些长凳、一块放在支架上的板子（即当时的桌子）。这个房间称为“谈话室”（parler）或“私人客厅”（privee parloir），是府宅中一家人享受家居生活的地方。十分奇特的是，当时的神职人员和朝党强烈反对追求

3-35 据称曾属于安娜·波琳的椅子。希佛城堡。（出自古文物收藏者协会会员戈德温先生的收藏）

【13】安装在教堂折叠椅的座板下方的小板。人们起立将座板向上折叠收起时，可以倚靠在座板反面的这块板子上。（译注）

私人生活的倾向，甚至在1526年发出了针对这一风俗变化的朝廷法令和特别教书，文辞如此这般："诸位贵族、绅士及其他公民过分乐于在角落僻所用餐。"并说明其反对的原因是，这样的习俗分化阶级，影响极坏。而实际原因大概是，更私密更趋于家居的生活会削弱教廷对于教民的影响力。

尽管有高层权威反对，使用小房间的习惯还是风行起来，于是我们发现，随时间的推移，家具也开始按小房间的需要来进行设计。

3-36 都铎式橱柜（藏于南肯辛顿博物馆）

南肯辛顿博物馆藏有一个十分精美的橱柜，其装饰风格表明它是由这一时期的英国制造的，即十六世纪中叶或后半叶；而极为细腻复杂的嵌木细工和雕刻工艺却似乎证明这是意大利工匠或德国工匠的作品。这件藏品很有意思，值得细心研究。橱架上嵌有都铎王朝的玫瑰和栅门纹章。折叠门上和橱柜两端的弧拱嵌板都饰有高浮雕，展现战斗场面，画风与霍尔拜因相似。整体设计布局近似于罗马式凯旋拱门。使用的木材主要是梨木，镶嵌以柿木和其他木材。柜子高4英尺7英寸，宽3英尺1英寸。装饰包含大量细节，只可能出自当时最出色的能工巧匠之手，而且柜子显然是专为中等大小的房间而造的，因为只有在不大的房间里才能靠近观赏它繁复的设计细节。亨格福德·波伦先生详尽地描述了这个橱柜，列举了装饰的内容、拉丁文的格言与铭文及其他细节等，在他写的博物馆目录中足足占据了4页。制造这个柜子花了国家500英镑，价格十分公道。

十六世纪前半叶椅子是稀缺物品，像我们在其他国家看到的一样，仅有家中的男女主人能够使用。插图3–35中那把据说属于亨利八世的第二任妻子安娜·波琳（Anne Boleyn）的椅子，出自已故的古文物收藏者协会会员吉奥·戈德温（Geo Godwin）先生的收藏，他曾是《建筑者》杂志的编辑。这把椅子曾安放在肯特郡的希佛城堡（Hever Castle）。椅子为橡木雕花，嵌入乌木和黄杨木，很可能为意大利工匠所制。当时常用的“高背长椅”（Settle）和这种椅子都靠配备松软椅垫来增加装饰效果。

如果想要了解十六世纪和十七世纪早期的桌子设计，那么参观画廊，观察当时画作中描绘的室内装潢没有太大用处，因为几乎每幅画里的桌子都蒙着一块桌布。这些桌布，当时被称为“桌毯”（carpet），以区别于“地毯”（tapet）或地面盖布，往往比桌布下的家具要昂贵许多，所以本书对此稍做介绍。

1590年后的物品清单中，大多在“带框桌”或“拼接桌”这一项后面，都列着桌上覆盖的“土耳其织毯”（carpett of Turky werke），通常还有一块盖毯，用来保护最名贵的桌毯。1592年，德国的武尔登堡公爵弗雷德里克一世（Frederick I）访问英国时，曾在汉普顿宫注意到一块十分奢华的毯子，上面以珍珠刺绣，价值50000英国克朗。

椅上用的垫子（quysshens）材料为刺绣丝绒，橡木或乌木的椅面如缺少如此重要的配件会显得太硬。下文摘引了奥德曼・格拉肖（Alderman Glasseor）的遗嘱，遗嘱日期是1589年，因此可以从抄录的文本中看到这类装饰性配件的特点和价值，遗嘱提到的物品已使用了大概25年或30年时间。

奥德曼・格拉肖（曾任副财政官员）的“私人客厅物品清单”：

“可调餐桌，拼木工艺，带框”，价值“11先令”

与餐桌配套的两个凳子，包覆着土耳其刺绣织物，13先令4便士

拼木画框，16便士

搁物台，2先令6便士

小边桌，带框，2先令6便士

一对维金纳琴[14]，带框，30 先令

6 个拼木板凳，织物包覆，15 先令

另 6 个拼木板凳，6 先令

一件编织作品，3 先令 4 便士

两个小脚凳，4 便士

土耳其长织毯，6 英镑

短织毯，工艺同上，13 先令 3 便士

6 个土耳其靠垫，12 先令

6 个织锦靠垫，20 先令

其他丝绒靠垫，“中间绣有金银纹章”

8 幅绘画，11 先令；地图，拼木框镶莱斯特伯爵家谱，以及书籍详单。

这个奥德曼·格拉肖显然是当时一位有品位的文人雅士。他有银质“铸瓶”，用来在餐后喷洒香水，还拥有一座“海边”乡间别墅，别墅中的私人会客厅设有一个“四柱遮篷床”。

到了十六世纪中期，我们完全进入了伊丽莎白女王统治时期。木雕风格开始变得更加张扬，虽然已经难以将移居英国的佛兰德斯雕刻工们的作品和本国工匠的作品区分开，但不可否认的是，本土工匠向佛兰德斯工匠学到了很多技艺。当时的橡木壁炉台极具装饰性，上面雕着人物全身像或胸像。在人像的服饰和面容上，或是在四柱床的雕花部分，本国的设计特征得以保留，但对装饰配件的处理又融入了某种新异风格——这两者共同标示出英国伊丽莎白时期的装饰风格，以此区别于其他同时代的作品。

诺尔庄园（Knole）、朗利特庄园（Longleat）、伯利庄园（Burghley）、哈特菲尔德庄园（Hatfield）、哈德威克庄园

【14】一种小型键盘弦乐器，属于拨弦键琴家族，外观为长方形，一般置于桌子上演奏。琴弦与键盘平行，一根琴弦只能发一个音。按下键盘按键便可使羽毛拨奏琴弦。在十六、十七世纪颇为流行，后来被全音阶古钢琴和拨弦键琴取代。（译注）

（Hardwick）和奥德利·恩德大宅（Audley End）都是展示室内装饰如何随建筑设计的变化而发生变化的著名案例。这种变化体现在：人像柱的底座越往下越细，柱顶耸立着男性和女性的胸像，繁复精美的浅浮雕交织叠带图案[15]，盛满水果鲜花的奖杯，取代了之前流行的哥特风格的装饰造型。家具设计的变化自然随之而来，因为当没有雇用佛兰德斯工匠或意大利工匠时，实际工作要由普通木工亲手完成，而他们会受到周遭所见事物的影响。

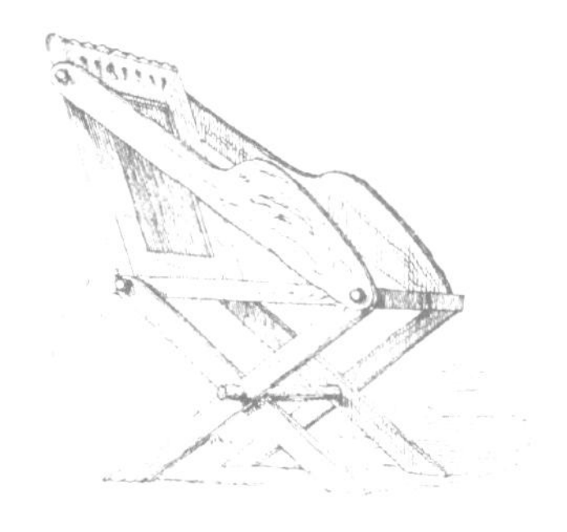

3-37 格拉斯顿伯里修道院（Glastonbury）的椅子（藏于巴斯暨韦尔斯教区主教宫殿）

靠近利物浦的斯皮克堂（Speke Hall）有一座大壁炉台，哈特菲尔德庄园以及上文谈到的其他英式别墅里的台阶局部，都是这一时期木雕的绝好范例。

古德里奇堡（Goodrich Court）中有一个伊丽莎白早期的镜框，橡木雕刻，部分镀金；其设计属于最上等的文艺复兴风格，很像是意大利或法国制造的，倒不像英国制品。镜框整体高4英尺5英寸，宽3英尺6英寸。设计中和谐地融入了建筑式装饰线脚、花环、丘比特，以及一个象征信仰的寓言形象。镜框上刻着R.M.和1359年[16]的字样，这一年罗兰德·梅里克（Rowland Meryrick）成为班戈教区主教。镜框至今仍为梅里克家族财产。古文物收藏者协会会员亨利·肖（Henry Shaw）精心绘制了一幅镜框的图片，发表于1836年出版的《现存真品收藏的古董家具样品图绘》（*Specimens of Ancient Furniture drawn from existing Authorities*）一书中。这本书作为参考资料很有价值，书中含有十六世纪家具和木制品的其他重要样本的精美图片，其中就有亨利八世时期的格拉斯顿伯里修道院院长座椅，是我们所熟悉的摆放在众多教堂高坛上的椅子的原型。还有一

【15】一种装饰手段，以漆、湿壁画、木雕或石膏造型方式，模仿交错编织成几何图案的带子，常见于墙上。这是十六世纪风格的常见装饰手法，通常编织图案的风格为阿拉伯式或枝状式，花纹再佐以奇幻怪兽、花环等元素。（译注）

【16】此处年代疑为笔误。1359年并非英国文艺复兴时代的年份，而且罗兰德·梅里克生于1505年。据班戈教区资料记载，罗兰德于1559年出任教区主教。（译注）

把德比郡哈德威克宅宴会厅[17]中的椅子，包裹着银纱刺绣的深红色丝绒。另外还有许多其他图片。因为全部插图直接照着原物绘制，所以参考查阅起来会十分有趣，文字描述则是由杰出的文物学家和收藏家塞缪尔·拉什·梅里克爵士（Sir Samuel Rush Meyrick）撰写的。

上文所述的镜框，其设计和尺寸在英国很可能是首屈一指的。前文也曾提到过，当时有在墙壁上绘画历史事件或《圣经》故事的传统。从久远的古代以来，约至亨利八世登基，一直有许多规则戒律去限定某些特定墙面的装饰。随着这一传统的消失，出现了画作的镶框。画家霍尔拜因在1511年左右来到英国，大概十四五年后，获得了亨利八世的资助，他的部分画作很可能是英国第一批镶框的作品。汉普顿宫藏有两三幅他的镶框画作，画框为黑色为底的金色卷轴；边框较之画布的尺寸显得非常狭窄。一些旧壁画尺寸不大，当需要展现较长的故事时，画面便以木条隔开，划分成高3英尺左右的横幅，而不是整幅占满整面墙壁。因此，最早的画框不过就是在画幅上下边缘的水平木条之间加上垂直的两条侧边。后来，画框变得更加华丽精美。有了给绘画作品镶框的做法后，自然也进一步出现了为镜子镶框的做法。镶金雕花或装饰过的带框镜大概最早是舶来品，后来有了本土仿制品，逐渐替代了仅在盥洗室使用的旧式小镜子。

直至十五世纪初期，人们使用的都是古旧式样的抛光金属镜面的镜子，镜框为银和象牙。爱德华一世（1239–1307）的藏衣间物品中就曾有这样的项目："一柄梳子和一面镀银镜"。我们还抄录了亨利八世的私人开支记录，其中提到支付给"一名法国人用以购买某些镜子"，这"某些镜子"大概是引起了

【17】宫廷、政府大楼或乡村别墅中的大房间，用于举办大型聚会，招待尊贵的客人。在英国的乡村别墅里，宴会厅很少被使用，然而它往往比别墅中的任何别的房间都要豪华，其存在的目的就是为了炫耀主人的富有尊贵。（译注）

陛下兴趣的新鲜玩意儿。

事实上，在十五世纪以前，玻璃还没有用在窗户[18]上。那时充当玻璃的是刨薄的兽角、羊皮纸，有时则是云母，嵌入窗板框内，当作窗户。

伊丽莎白时期的房间内橡木嵌板十分精美。南肯辛顿博物馆的馆藏中保存着一件精彩绝伦、具有代表性的英国嵌板制品，本书收有它的图片（插图 3-39）。这副嵌板是从埃克塞特的一处旧宅中拆除下来的，亨格福德·波伦先生为它提供的年代信息为 1550-1575 年。飞檐下的半露方柱和雕花嵌板十分华美，展现了最精美的伊丽莎白时期文艺复兴风格，而嵌板本身不带修饰，作为素净的背景鲜明地衬托出装饰元素。嵌板总长为 52 英尺，平均高度为 8 英尺 3 英寸。这副嵌板本来装设在伊丽莎白时期某个市民的房中。如果现在的展出环境能够仿造当时，在它周围复制出壁炉、带装饰线脚的天花板和配饰，我们便能收获一堂有价值的实物教学课，也能由此想象出一位德雷克先生或洛利先生在英格兰西部自己的宅邸中的样子。

3-38 伊丽莎白时期的橡木雕花床架

3-39 橡木护壁（出自埃克塞特一处古宅。藏于南肯辛顿博物馆）。时期：英国文艺复兴（1550-1575 年）

科学与艺术部[19]采购了上述的嵌板，价格极为低廉，只花了 1000 英镑，在 1891 年被收入南肯辛顿博物馆的馆藏。这件藏品是一个 23 平方英尺、12 英尺 6 英寸高的室内嵌板，取自威斯特麦兰郡的思泽格（Sizergh）城堡。遗憾的是，壁炉台并没有一并购入。但科学与艺术部还是将嵌板展区布置成一个房间，配上了十分精美的天花板石膏模型。嵌板材料是纹理精美的橡木，没有做任何抛光，嵌入黑色泥炭栎和冬青木拼花几何图案。嵌板用高高的半露方柱等分，柱体饰有泥炭栎凹槽，柱头为爱奥尼亚式。这副嵌板是现存最精美的作品之一，应该

【18】雅各布·冯·法尔克（Jacob von Falke）认为，最早提到玻璃的记录可追溯到 1239 年，记录将玻璃描述为十分不凡的产品。

【19】科学与艺术部是英国政府单位，1853-1899 年间存在，旨在推行不列颠和爱尔兰境内的艺术、科学、技术和设计教育，1899 年并入教育委员会（教育部前身）。（译注）

是在当地制作的，材料也是自家产业上生长的木材。时间在1560–1570年，地方文献称其有近200年历史。

说到装饰嵌板，还应特别说明，涉及此时的英国古物件，可以非常明确地认定，半露方柱、装饰带和框架结构带有装饰，而嵌板本身无修饰的，那就是专为此房屋设计制作的，如南肯辛顿博物馆的那件藏品（埃克塞特嵌板）那样；但若是嵌板雕花，而其他部分很简单，那就是直接购买成品，由本地木匠安装的。

另一件伊丽莎白时期的橡木雕刻藏品，是一个四柱床架，上刻德文郡伯爵夫人的纹章和年代信息——1593年，具有那个时期的所有特征。

在卡尔特养老院的内部装饰中有一件很好的伊丽莎白时代木制品。英国小说家萨克雷曾在和养老院同属一处庭院的卡尔特修道院中学就读，他的作品使卡尔特这个名字成为不朽。在《纽卡姆一家》中，他将这所中学写成了书中的灰袍修士学院，那里是“上校、克里夫和我长大的”旧学校；当一生温和善良的老上校作为一个“可怜贫苦的兄弟”回到了那里，要度过晚年时，萨克雷以忧伤的笔触写道：“当礼拜堂的钟声敲响，他微微抬起头，说道：‘到！’——那正是在学校里我们被点名时回答的词。”

卡尔特养老院是伦敦著名的古建筑，幸运地躲过了1666年的伦敦大火。它原本是一座旧修道院，1537年被亨利八世解散。房屋本身若干年之后被赐予爱德华爵士（Sir Edward），后又赐给诺斯勋爵（Lord North），1565年诺福克公爵（Duke of Norfolk）又从诺斯勋爵手里买了过来。漂亮的楼梯雕刻着人像柱和文艺复兴式的装饰图案，修建者很可能是诺斯勋爵或后来的所有者。大厅里有众多木艺装饰，院中老人们如今仍然每日在此用餐；厅中刻有凹槽并带有柯林斯式柱头的柱子、交织叠带装饰图案以及其他橡木雕刻细节都是最上乘的英国十六世纪

3–40 卡尔特养老院餐厅。可见橡木屏风和游吟诗人画廊。时期：伊丽莎白时期（1571年）

木制品所特有的。盾牌装饰上刻有“1571 年”的字样，那一年诺福克公爵获得某种监外假期，从伦敦塔被释放出来，大概决定以装修宅邸的方式找些乐子，后来公爵就被砍了头。那时这里被叫作霍华德公馆，古老的院长办公室曾是霍华德公馆的餐后休息室，里面摆放着一座十六世纪末的大型木质壁炉台，不以雕刻装饰而采用了涂漆手法。诺福克公爵死后，这座宅邸被皇室赐给了公爵之子沙福克伯爵（Earl of Suffolk）。1611 年时伯爵将房屋卖给了托马斯·萨顿爵士（Thomas Sutton），他在此创立了卡尔特养老院和中学。萨顿爵士被认为是当时最富有的人之一，他捐赠的一些家具在第四章“詹姆士一世时期的家具”中有所提及。

伦敦城中还有伊丽莎白时代其他杰出的橡木雕刻作品。其中易于得见而又值得参考的有格雷律师学院的大厅，建于 1560

3-41 橡木屏风。放置于格雷律师学院大厅中，图中可见大厅那一侧的家具陈设。

年，即女王继位的第二年；中殿律师学院大厅，建于 1570-1572 年。威廉·拉尔夫·道思维特（William Ralph Douthwaite）先生是格雷律师学院图书馆馆长，也是《格雷律师学院的历史和地位：采编自原始及未发表的资料》（*Gray's Inn Its History and Association: Compiled from Original and Unpublished Documents*）的作者。经他的允许，我们才能提供大厅内部装潢和游吟诗人画廊雕花隔屏的插图。大厅立柱的柱体上环绕着伊丽莎白时代雕刻中常见的交织叠带装饰图案。大厅中央有一张桌子，上面的抽屉面板上有浅浮雕装饰，构成了桌子的中楣，但从笔直严正的桌腿我们判断出桌子的年代比大厅要晚 50 年左右。左侧书桌和右侧餐桌的时代则更晚一些。值得一提的是，大厅另一端高台上摆放的长桌据说是伊丽莎白女王亲自赠送的礼物，但其设计并非专家通常认定的伊丽莎白时代家具风格。它厚重的弧式桌脚在中部弯曲，与椅腿（高台上的椅子）相呼应，无疑出自荷兰。据笔者的观察和研究，这种桌腿样式大概是在威廉三世时期（1650-1702）引入英国的。

中殿律师学院大厅中的一张桌子也具有类似特征，据说也是伊丽莎白时代的陈设。道思维特先生曾在书中提到关于长桌乃女王赠予的说法，还试图引经据典证实这一说法的真实性，不过是徒劳——就我们所确知的情况，中殿律师学院官方也拿不出任何文件记录，能够证实那张桌子的年代早于十七世纪末。

中殿律师学院大厅内的橡木雕花屏风精彩绝伦，不可错过。人像柱、带凹槽的立柱、被分隔成小块的嵌板、变化多样的雕刻装饰，和谐协调，融为一体，丰富而不冗赘。时间所赋予的华美色彩、大厅的完美比例、其他三面墙的素朴，尤其是上方宏伟的橡木天花板，无疑是全英国同类作品中最精美的，这一切衬托着这架屏风，使其更添光彩。有一部分桌子和凳子的年代要晚得多，但由于制作材料来自中殿律师学院大厅附近所生

3-42 格雷律师学院大厅。图中可见厅中桌椅。

长的橡木，因此这类家具也另有一种意义。其中一张桌子的桌板由一块近 30 英寸宽的厚橡木板制成。可以想象，如今熙来攘往的舰队街和喧嚣热闹的河岸街附近，当年曾有美丽的古木繁茂生长。中殿律师学院还有一些橡木画框，那些橡木木料曾经大堆漂浮在圣殿阶梯（The Temple Stairs）边的泰晤士河上。

威廉·赫伯特先生（Mr. William Herbert）在《四大律师学院和大法官法庭的古文物》（*Antiquities of the Inns of Court and Chancery*）一书中，写到了与中殿律师学院木制品有关的几个有趣事件。他提到，屏风由大家共同出资，资深会员每人 20 先令，讼务律师每人 10 先令，其他会员每人 6 先令 8 便士。他还提到，中殿律师大厅建于 1562 年，十年之后完成装修。装设屏风则是 1574 年的事。1597–1804 年间，250 多位学院讲师的纪念纹章装点了原本一无修饰的橡木嵌板。赫伯特先生的著作正是于 1804 年发表。在谈及这里的家具时，他说："多年前陈设于房内的橡木桌和长凳厚重宽大，如今仍保存完好；它们结实坚固，除非遭到暴力破坏，否则还能再维持几个世纪。"赫伯特先生还提到了伊丽莎白时期这座著名的大厅里举行的化装舞会与狂欢宴席。他还提供了一份清单，列明了格雷律师学院大厅装修时所用材料的数量和价格。

3–43 三块橡木雕花嵌板。现设于伦敦木工同业公会大厅的议事厅内，自原厅拆除后移至此处。时期：伊丽莎白时期

位于伦敦思罗格莫顿大街的伦敦木工同业公会大厅内，有三块有趣的橡木雕花嵌板，所属时期正是伊丽莎白兴盛时期，很值得一看。三块嵌板本来在原大厅中，幸存于伦敦大火。在同业公会账目中有一条记录，是其中一块嵌板的开支：

"购入木板材料款项付讫金额 3 先令，用于雕刻同业公会纹章。"

"付给木匠雕刻同业公会纹章的报酬共 23 先令 4 便士。"

材料费（3 先令）和工费（23 先令 4 便士）显然并不高昂。三块嵌板均保存完好。嵌板上的竖琴造型中隐藏着制作工匠的姓名，这种设计是旧式传统的古雅遗风。第四章中会写到木工同业公会大厅中的其他一些橡木家具。爱德华·贝西尔·朱佩（Edward Basil Jupp）先生曾是同业公会的书记员，写过一本关于“木工同业公会”的历史记录著作，记载了不少有趣史实。书中写到了国王的御用木工或测量员部门，木工同业公会探查、监测、对工程拖延征收罚款的权力，以及“细木工”“锯工”和“木材商”遇到的劳资纠纷，读起来都非常有趣，为十六、十七世纪的木加工业提供了不少侧面的信息。

3-44 伊丽莎白时期的扶梯（局部）

哈德威克庄园的插图所展现的橡木嵌板和内部装修，其中有的部分早于伊丽莎白时期，有的稍晚一些，橡木雕花椅则属詹姆士一世时期风格。至今在哈德威克庄园仍藏有一把具有历史意义的椅子，传说第四任德文郡伯爵威廉就是坐在这把椅子上和同党一起谋划推翻了詹姆士二世（1633–1701）。颇有奇趣的小教堂中挂着古老的织毯，保存着查理一世（1600–1649）的原本《圣经》和《祈祷书》，还摆放着古香古色的椅子，椅垫是十六世纪或十七世纪早期的刺绣品。

3–45 哈德威克庄园门厅家具。时期：詹姆士一世时期（十七世纪）

在对这一时期英国木制品及家具做总结之前，还需谈谈彭斯赫斯特庄园。“中世纪时期的家具”一章中已经写到过这处宫殿。政治家、诗人和学者菲利普·西德尼爵士（Sir Philip Sydney）失去伊丽莎白女王的宠幸而退休后，就是在这里度过了大部分时光，并创作出他最好的文学作品。插图 3-46 所示的房间称为“女王室”，其中一些家具正属这一时期。水晶吊灯据说是莱斯特伯爵献给情人伊丽莎白女王的。一些桌椅则是女王所赐，她在一次皇室巡游中曾下榻于彭斯赫斯特庄园，将这些家具赠予了亨利·西德尼爵士（Sir Henry Sydney，菲利普之父）。这间女王室内陈设着古代的东方瓷器花瓶和碗盏，墙上悬挂着当时的画像，向我们展示了以当时可用的材料所能达到的最佳装饰效果。

3-46 彭斯赫斯特庄园的“女王室”。经卡塞尔出版社（Messrs Cascll & Co., Limited）许可，复制自《英国历史建筑》（*Historic Houses of the United Kingdom*）。

理查森的研究包含不少室内家具样本和英国文艺复兴时期的橡木雕刻装饰，包括小查尔顿宅邸、东萨顿庄园、斯托克顿庄园、威尔特庄园、奥德利恩德大宅、埃塞克斯庄园，以及有着美丽的厅堂屏风和著名雕花“会客室”的克鲁庄园，这些宅邸都是有名的十六世纪建筑。

闻名遐迩的“威尔的大床”也属于这一时期的英国家具，书中有大床的插图（插图 3-47）。床原本设在威尔的撒拉逊首领旅馆，后来移至两英里外的黑麦房【20】。莎士比亚在《第十二夜》中提到过这张大床，确认了大概年代，床也成为一个角色。下文即是剧本台词：

托比·佩尔契爵士：再把纸上写满了谎，即使你的纸大得足以铺满英国威尔地方的那张大床。快去写吧。【21】

另一幅插图 3-48 是传说中威廉·莎士比亚的椅子，也许不是诗人当年使用过的椅子，但很可能是诗人时代的真品，只

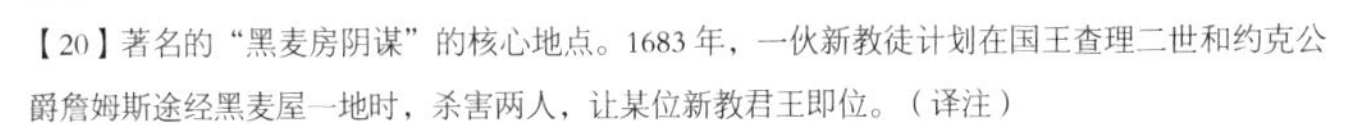

【20】著名的“黑麦房阴谋”的核心地点。1683 年，一伙新教徒计划在国王查理二世和约克公爵詹姆斯途经黑麦屋一地时，杀害两人，让某位新教君王即位。（译注）

【21】此处采用朱生豪先生译本。（译注）

不过大概并非产于英国。椅背上刻有文字，写明 1769 年英国剧作家大卫·加里克（David Garrick）从椅子的主人巴内特的詹姆斯·培根先生（Mr. James Bacon）处借到了椅子，从那时起这把椅子就称为莎士比亚之椅，后来的故事便众所周知了。椅子以浅浮雕装饰，粗略地表现了圣马克广场钟楼的穹顶。

3-47 威尔的大床。本设于威尔的撒拉逊首领旅馆，现今存放于赫特福德郡布罗克斯伯恩市的黑麦房中。时期：十六世纪

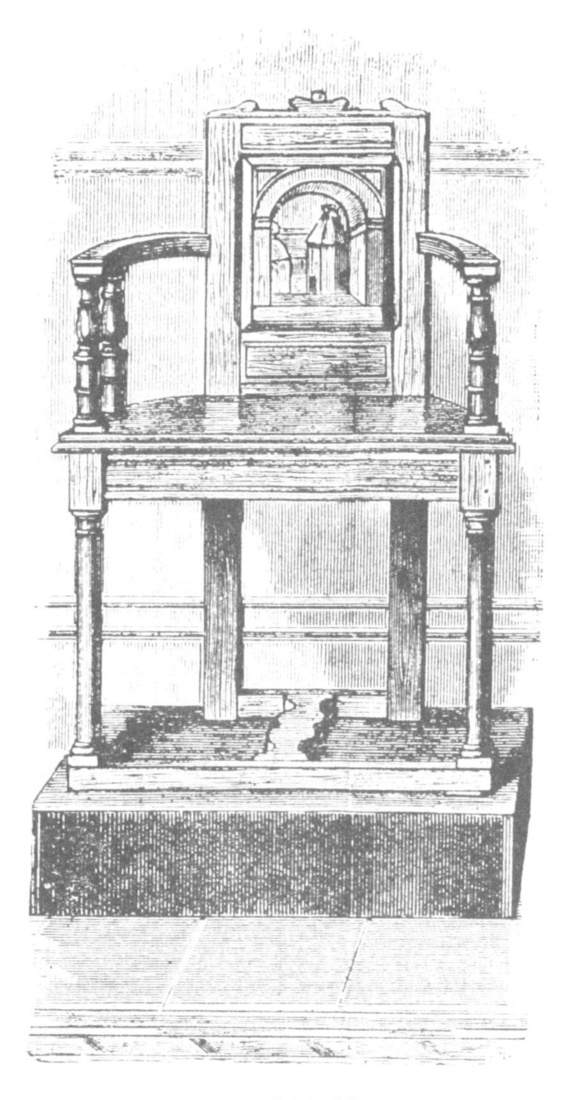

3-48 莎士比亚之椅

我们已经概略地追溯了当年那股艺术洪潮如何从发源地意大利，逐步演进到法国、尼德兰、西班牙、德国和英国。我们通过解释与描述，辅以插图，试图展现中世纪后期的哥特风格如何让位于古典造型和阿拉伯装饰风格的复兴，也介绍了接纳这股风潮的不同国家在此基调上的许多独特细节与特征。这个时期的老式橱柜或箱奁转变为各种样式不同的橱柜；本来简朴的祷告椅，用于祈祷的那些此时变得复杂精致，几乎成了小祷告室，而作为家用座椅的则升华为体面威严的王座。桌子在文艺复兴末期也变得更华丽，成为坚固厚实的家具，而不再是文艺复兴刚开始时只有板子加架子的模样。壁炉台在十四世纪不过是石头垒就的排烟管道，或是在托架上搭个排风罩，此时已变成气派的橡木雕花构造，占据了地板到天花板的空间，装饰着厅堂和房间。英式仆从侍餐柜以及当时其他国家的食品橱柜，是后来餐具柜的前身。

橡木雕花嵌板取代了早些时候的老式壁毯和粗糙的木衬板。在意大利、佛兰德斯、法国、德国、西班牙和英国，随着旧封建制度的瓦解，随着越来越多的富有贵族和商人们沉溺于愈演愈烈的奢靡豪华，艺术的优雅和高贵，加上越来越多的满足品位的手段，使得十六世纪的艺术大师能够装饰自己的屋宅，这份优雅和高贵也留传给我们。

3-49 利物浦附近的斯皮克庄园橡木雕花壁炉台。时期：伊丽莎白时期

第四章　詹姆士一世时期的家具

4-1 首字母装饰图——十七世纪椅子

在“文艺复兴”一章中，我们已经了解了艺术在英国的伟大复兴。从伊丽莎白时期的橡木壁炉架、嵌板和家具中，能够看到文艺复兴所带来的自由古典风格的不同形式。在英国，流行趋势的波动从伊丽莎白时期一直持续到十八世纪中叶。到那时，家具设计中才出现一种迥异于前期的变化，我们将在下文对此进行说明。

英国人的家庭生活习惯逐渐形成。我们已经看到，在之前宗教改革期间的君主执政时期，宗教迫害催生出了更为私密的家庭生活。主人们往往躲在小房间内谈话，以远离那些喜欢嚼舌根的仆人们。仆人们可能将自己无意间听到的信息泄露出去，随时可能给主人带来灭顶之灾。亨利·沃顿爵士（Sir Henry Wotton）写于1600年的一封信中有一段优美的文字，从中能看出，那种形式的家庭生活正逐渐成为其同胞们的一种生活习惯。

一个人体面的府邸和宅第是展示其殷勤好客的剧场，是其实现自我的住所，乐享生活的载体，也是留给子嗣的遗产中最为宝贵的部分。它就如同一个私密的公国，不，因为以上特点，坐拥一座府宅简直就是拥有整个世界的象征。因为，完全值得花心思好好装饰一番，以便与主人的地位相称。

4-2 沃尔特·雷利爵士家中的橡木壁炉架。爱尔兰约尔。据称出自一位佛兰德斯艺术家之手，当时特意请他到约尔制作这个壁炉架和其他一些木雕作品。

亨利·沃顿爵士是1604年英国驻威尼斯的大使，据说那个广为人知的对“大使使命”的定义就出自他之口。他说，大使就是“出于国家利益而被派驻到别国撒谎的诚实人”。这话触怒了詹姆士一世，也使得他在一段时间内很不受人待见。大约20年后，他出版了一本名为《建筑学要素》的著作。作为一名古文物研究者和有品位之士，他还将不少有名的意大利木雕作品寄送回了国内。

在詹姆士一世和他的继任者执政时期，伊涅戈·琼斯——我们英国的维特鲁威，声名鹊起。他抱着复兴帕拉第奥及其学派的热忱，带着研习古罗马古典建筑后所获取的知识与艺术品位，从意大利学成归来。他开始为他主持建造的大楼内部设计木制装饰，其影响力也随即体现出来。在他所珍藏的帕拉第奥著作（现存于牛津大学伍斯特学院图书馆）中，有这样一条有意思的批注：

“以上帝之名，阿门。1614年1月2日，我在罗马将以下这些设计与遗址做了比较。——伊涅戈·琼斯”

次年他从意大利回国，被任命为国王的御用测量师，一直辛勤工作至1652年辞世。然而不幸的是，他的很多设计都没有从图纸变为实物，很多建成的也已毁于大火。原来的白厅宴会厅（即现在的白厅教堂）、科芬园[1]的圣保罗教堂、查令十字路口附近的老水门（最初是作为第一任白金汉公爵府邸入口而设计的）、女王街南侧55–56号的林肯律师学院、一两座纪念碑和门廊，都属于这位大师留给我们的代表作。至于室内设计，则有阿什伯纳姆庄园（Ashburnham House）留存下来，以其静谧高贵的风格提醒我们勿忘这位大师。在提到其内部的扶梯、石膏饰品和木制品时，曾有人说：“所有作品都留下了查理一世时代的印记。”由于这些内饰很可能确实完成于查理一世时期，因此上述说法意在表明，在木雕工艺变得放纵狂乱的十六世纪末，我们还能在伊涅戈·琼斯或受其学派影响所设计的室内装潢中，看到一种更为宁静与节制的风格。

4–3 白福丽特宅邸内的壁炉架。时期：詹姆士一世早期

插图4–4的木版画展现的是福特堡的国王寝宫的一部分，据《艺术杂志》（*Art Journal*）的一篇文章称，它仍然保留了弗洛登[2]战场的回忆。房间位于最北面的塔楼上，外观严肃冷峻，仍保有边塞堡垒的建筑特征。房间内可远眺那个著名的战场。一把椅子上标示的年份是1638年，另一把则是五六十年后荷兰人设计的作品。但是文章作者提及的房间内的旧家具，如带织锦床帷的橡木雕花床架、橡木衣橱等，在图中几乎不可见。

4–4 福特堡的国王寝宫（局部）

【1】科芬园（Covent Garden），中古时期原为修道院花园，15世纪时重建为适合绅士居住的高级住宅区，同时造就了伦敦第一个广场，后来成为蔬果市场，目前以街头艺人和购物街区著称。（译注）

【2】弗洛登（Flodden）是英格兰诺森伯兰郡的山名，苏格兰的詹姆士四世在此战败身亡。（译注）

亨格福德·波伦先生告诉我们，大多数所谓都铎式房屋其实都建于詹姆士一世时期。这也许就能解释一个令人疑惑的问题——为什么这一时期的许多建筑和木制品看起来属于更早时期。

4-5 橡木雕花大茶几。

一些木质壁炉架的插图显示出这种变化。南肯辛顿博物馆收藏了三四件石砌壁炉架，上部均为橡木雕刻，现已查明制作时间为1620年前后。它们是从伦敦城莱姆街的一座老房子里拆卸下来的，能让我们对伦敦商人屋宅的室内装潢有所了解。本书展示的壁炉架与其同类相比，有着更为丰富的细节。其他壁炉架用以支撑壁炉的柱子多朴实无华，只有爱奥尼亚式或陶立克式的柱头。这些壁炉架与伊丽莎白后期的相比，嵌板上的浮雕较浅，图案也更为简单。

笔者所研究的詹姆士一世时期的家具中，年代最早的当属木工同业公会的八角桌（插图4–5）。插图取自上一章中提到过的朱佩先生（Mr. Edward Basil Jupp）的书，可惜没有准确充分地表现出那张桌子。桌子非常漂亮，直径约为3英尺3英寸。桌腿间的拱肩上刻有“R.W.”“G.I.”“J.R.”和“W.W.”的字样，是理查德·怀亚特（Richard Wyatt）、乔治·伊萨克（George Isack）、约翰·里夫（John Reeve）和威廉·威尔森（William Wilson）姓名首字母的缩写，他们是1606年时在公会任职的首席工匠和理事。“1606”的时间标记刻于其中两个拱肩上。虽然装饰性桌腿带有一些伊丽莎白时期的特征，但处理手法要收敛得多，大型的橡子形构件更加细长而精致，装饰整体而言也更加柔和。这是詹姆士一世早期家具中一个典型的样例，也是笔者所知的此种形状和品类中唯一的一件。它保存得相当完好，只有顶部略有开裂。看得出工匠在制作这张桌子时颇费心力，技艺也已相当纯熟。

4–6 橡木雕花椅。左椅存于阿宾顿公园，右椅存于木工同业公会会馆（图片均出自南肯辛顿博物馆相册集）。时期：十七世纪早期（英国）

科学与艺术部有一本相册可供参考，其中不仅有其辖下不同博物馆所藏样本的图片，也有那些临时外借的展品的图片。

插图 4-6 中的两幅图片就出自该相册，承蒙摄影部琼斯先生的大力协助，笔者得以随意翻阅该图册。左边那把椅子来自阿宾顿公园，据说曾为莎士比亚的孙女巴纳德夫人（Lady Barnard）所有，另外一把还能在木工同业公会大厅里得见其真容。

在蒙克斯韦尔街的理发师同业公会会馆里，有一个靠八边形穹顶采光的议事厅，由伊涅戈·琼斯设计。这个房间曾在理发师兼任外科医生的年代里[3]作为解剖室使用。大厅内有三四张这一时期的桌子，四条桌腿用撑档连接，朴实无华。压模成型的桌面边缘同样没有装饰。这些朴实的橡木厚桌板和撑档都经过翻新，但都忠实地保留了原有风格。不过桌腿是原件，是带有朴素的车制柱头和基座的简单柱子。在一些乡村老宅里，也能找到这一时期的其他桌子，巴斯侯爵的朗利特庄园里就有一张。笔者得知，那张桌子的一端有一个小抽屉，巴斯侯爵祖先的仆人们玩一种名为“铲硬币”的游戏，玩游戏所用的铜钱就搁在那个抽屉里。在威斯敏斯特教堂的牧师会礼堂，同样也有一张詹姆士一世时期的朴实无华的大桌子。它的宽度是同时期其他桌子的两倍，非常独特。由于牧师会礼堂一直到最近几年才不再作为档案储藏室使用，这张桌子很可能不是餐桌，而是另有其他用途，因而需要特别加宽。

4-7　橡木壁炉架。拆自伦敦莱姆街的一座老房子。（藏于南肯辛顿博物馆）时期：詹姆士一世时期

在“文艺复兴时期的家具”一章中，我们曾提到过卡尔特养老院，那是 1611 年由托马斯·萨顿购置的，至今仍保留着当初购置时的用途。如今在它的小教堂中，还能看到创办者放置的那张圣餐桌。桌子由橡木雕刻而成，桌底中部有一排纵向排列的桌腿，四角也各有一条桌腿支撑。这些桌腿，尽管同我们之前已经提及的理发师同业公会会馆和威斯敏斯特教堂牧师会礼堂的桌子一样线条洗练，桌腿最下面三分之一却有雕饰，桌子的中楣也同样有浅浮雕。支撑风琴台的木质围屏雕饰华美，

4-8　橡木餐具柜。（藏于南肯辛顿博物馆）时期：威廉三世时期

【3】中世纪时理发师往往兼任外科医生，做一些开颅放血、去除赘生物的事。（译注）

也是詹姆士一世时期的作品。

南肯辛顿博物馆有一口橡木雕花橱柜，正中的嵌板上雕刻着“三博士来朝”【4】的场景，制作时间为1615-1620年。橱柜置于一个支架上，支架正面有三条腿，背后有两条腿，与伊丽莎白时期的雕花支架相比，明显要质朴古雅得多。模压嵌板构成支架的中楣，是整个抽屉面板上唯一的装饰。每个抽屉面板正中都有一个用于开合的圆把手。这口橱柜与充当支架的桌子很可能并非原配。前页的插图展现了这个支架，它是这一时期，即十七世纪早期雕刻工艺的出色代表。1891年，博物馆从“黑尔斯通典藏”（Hailstone Collection）购入了一把圆形靠背扶手椅。尽管椅子的制作年份是1614年，其设计却出人意料地具有明显的伊丽莎白时期（1558-1603年）的特征。

说起詹姆士一世时期的家具，没有哪家馆所仍在使用的家具藏品能超过诺尔庄园（Knole House）。宏伟的诺尔庄园为萨克维尔（Sackville）家族的宅邸，是后来各位多塞特伯爵（Earls of Dorset）的产业。庄园内有一间卧室，据说专为詹姆士一世国王的到访而设。承蒙现任萨克维尔爵士慷慨，公众仍能见到那时留下来的床榻。床幔原为深红色丝绒，现已褪色，上面有精心绣制的金丝刺绣，据说耗资高达8000英镑。房间内椅凳坐具基本都还放置在原位上。

看到这套家具的木刻工艺，我们会禁不住猜想它们应当与威尼斯工匠有着某些渊源。这套家具很可能是从意大利进口，或是引进图样后复制而成的。那一时期的整套家具大概包括六个凳子和两把扶手椅，几乎完全为丝绒包面，椅腿如上下端不封口的8字——据笔者研究，这种椅腿即源自威尼斯。在诺尔庄园的“莱斯特”长廊里，有一幅荷兰肖像画家丹尼尔·米滕

4-9 诺尔庄园座椅。绯红色丝绒包面。时期：詹姆士一世时期

【4】典出圣经《马太福音》，讲的是东方有三博士夜观星象，得知犹太人的新君即将诞生。他们根据星宿的指引在伯利恒找到了圣母玛利亚和圣子耶稣，并献上黄金、乳香和没药等礼物以表达崇敬之情。（译注）

斯（Daniel Mytens）绘制的国王肖像画。国王就坐在一把这样的椅子上，画像下方放置的椅子据说与图中的一模一样。与本书插图中的椅子极为相似，该插图根据查尔斯·伊斯特莱克先生的一幅画作复制而成。

在同一个长廊内，还有三把长椅，或称卧榻，均为深红色天鹅绒包面。其中一把有一个可以调节的架子，两头都能随意降低，可变成一个更舒适的躺椅。

这把长椅是詹姆士一世时期家具的杰出代表，查尔斯·伊斯特莱克先生在《家居品位指南》（*Hints on Household Taste*）中对其进行了描述，并附有手绘插图。他这样写道："接头处'榫'得严丝合缝，被牢牢地固定住，以确保能长期使用。靠背近似椅背，顶端只有一根横档，但椅背后另外一根横档起到了加固作用。"马库斯·斯通（Marcus Stone）的名画《失窃的钥匙》（*The Stolen Keys*）中，画的就是这把长椅。插图 4-10 的扶手椅也属于这套家具。诺尔庄园另有一个房间，其中的家具据说是詹姆士一世国王赠送给与多塞特家族联姻的第一任米德尔塞克斯伯爵（Earl of Middlesex）的。笔者得到了一张该房间的照片，相比冗长的文字，能让读者对这个房间有更好的认识。

4-10 扶手椅。丝绒包面，四周饰有流苏和铜钉。（查尔斯·伊斯特莱克先生根据诺尔庄园原件绘制）时期：十七世纪早期

4-11 诺尔庄园"闪光"卧室。家具由詹姆士一世国王赠送给第一任米德尔塞克斯伯爵。（照片由肯特郡赛文欧克斯的柯克先生摄制）

比较诺尔庄园家具和同一时期受到伊涅戈·琼斯影响的风格更为简朴的桌子和其他木家具，可以看出当时在英国有两种不同风格的装饰性家具并存。其中一种简单朴素，体现了伊丽莎白时期雕刻艺术奇异的自由风格；另外一种则师承威尼斯装饰性木艺，涡卷纹上饰有丘比特形成凳腿，这些装饰性凳腿由撑档相连。在诺尔庄园的国王卧室里，凳子撑档上设计有飞翔的丘比特簇拥着王冠。这种类型的家具多为镀金，诺尔庄园里的也不例外，黑漆之下仍可见金箔的痕迹。

伊斯特莱克先生造访了诺尔庄园，仔细研究了里面的那些詹姆士一世时期的家具，并精心绘制了素描图。前文提及过他

的著作，其中便有关于这些家具的详尽描述和精美插图。他提到，他在一把高背长椅的垫圈下找到了一张纸条，上面有古英语文字，说明了这儿的某些家具制作于1620年。莱昂内尔·萨克维尔·韦斯特（Lionel Sackville West）先生在写给笔者的信中，也援引传家宝名录，确认了这一年代。这同时也佐证了笔者的另一个观点，即这一时期某些雕饰更为丰富的家具是从意大利进口的。

在坎特伯雷大教堂的圣母堂内，有一尊纪念1625年去世的坎特伯雷大教堂教士会会长约翰·博伊斯（John Boys）的纪念像。教士会会长坐在他图书室的桌边，桌腿是车木腿，桌面上铺着织锦桌布。石雕展示房屋局部沿墙摆放的书籍，整个布置与如今的书房相差无几。还有不少其他的纪念像也展现了这一时期的家具，其中比较有趣的是威斯敏斯特教堂内国王詹姆士一世的一个孩子的纪念像，离苏格兰玛丽女王的纪念像不远。孩子的塑像为真人大小，躺在那个年代精雕细刻的摇篮里。

位于肯辛顿的霍兰德庄园（Holland House）是詹姆士一世时期华屋美宅的绝佳范例。当然，人们对它充满兴趣，主要还是与“福克斯的侄子和格雷的挚友”——第三代霍兰德男爵【5】密不可分。他在霍兰德庄园的围墙之内，聚集了一批当时最聪明、最尊贵的才俊【6】，用家族的深厚传统——友好和殷勤主持着这一圈子。

在论述霍兰德勋爵的文章末尾，麦考利（Macaulay）以其无与伦比的描写功力，告诉我们“在那个圈子里，每一种才能和技艺，每一门艺术和科学，都有其用武之地”，因而充满魅力、令人着迷；他还列举了很多圈内成员的名字，并详细阐述

【5】即亨利·瓦索－福克斯（Henry Vassall-Fox），他是辉格党资深政治家查尔斯·詹姆斯·福克斯（Charles James Fox）的侄子，也是辉格党政治家、曾任英国首相的查尔斯·格雷（Charles Grey）的好友。（译注）

【6】霍兰德曾在“人才荟萃的联合政府”中任掌玺大臣。（译注）

了“那座古宅被施与的高贵和远比高贵更令人称羡的善意，慷慨悦纳，热情待客”。列支敦士登公主（Princess Liechtenstein）也在《霍兰德庄园》一书中，为我们留下了与这一著名建筑有关的不少历史事件的有趣记录。

霍兰德庄园中还有很多让人感兴趣的物件，分属于不同历史时期。承蒙伊尔切斯特夫人（Lady Ilchester）许可，笔者得以详加考察。但鉴于我们现在讨论的是十七世纪，所以还得回到对那一时期家具和木制品的论述上来。

詹姆士一世时期的霍兰德庄园于1607年由当时在肯辛顿拥有大片领地的沃尔特·科普爵士（Sir Walter Cope）开始兴建，始建时名为“科普城堡”。科普的女儿嫁给了亨利·里奇爵士（Sir Henry Rich），亨利于1624年获封霍兰德伯爵，1649年被议会党人处死。正是他为霍兰德庄园增建了侧楼和拱廊。列支敦士登公主告诉我们：“根据传说，第一任主人的孤魂会在午夜时分从一扇密门后面走出来，手里拎着自己的头颅，慢吞吞地走过一个个昔日令他倍感荣耀之地。”

庄园里有一些制作于十七世纪早期的完好的旧木器。著名的“白厅”（white parlour）里有詹姆士一世时期的嵌板和壁炉架，保存完好，展现了当时最好的品位和格调。镶板由未经雕饰的粗犷板条组成，间有扁平的壁柱，柱体带凹槽，柱头有雕饰。支撑“锯齿状”飞檐的桁架之间的装饰带上镶有嵌板，嵌板用格纹图案浮雕细工加以修饰，有一种简单而具有装饰性的建筑效果，是英国对文艺复兴的最佳诠释。“镀金房间”是传说中鬼魂开始夜游的地方，由意大利画家、织锦设计师弗朗西斯科·克雷（Francesco Cleyn）设计，他同时也为国王服务。[7]

【7】这一房间内目前装饰的绘画由沃茨（即乔治·弗雷德里克·沃茨，George Frederic Watts）本人或由他主持绘制。当时，作为第四任霍兰德伯爵最喜爱的艺术家，沃茨为庄园做了很多美化工作，也大大增添了庄园收藏的肖像画的数量。玛丽·列支敦士登公主所著《霍兰德庄园》（伦敦，1847年）中全面呈现了他的作品。

这个房间当时是为一场庆祝查理王子与亨利埃塔·玛丽亚联姻的舞会而准备的。如今，在霍兰德庄园的主楼梯间内，还有两把椅背雕成贝壳状的椅子，椅腿带造型，饰有涡卷纹，整体以叶饰垂彩覆盖，同样出自克雷之手。政治家、作家霍勒斯·沃波尔（Horace Walpole）在《英国画家逸事》（*Anecdotes of Painters*）关于霍兰德庄园的部分中，也提到了这两把椅子："雕花镀金的两把椅子，宽大的贝壳状椅背……无疑是他的设计，也是他品位的证明。"沃波尔还提到了克雷设计的一把样式相似的花园椅。其中一把椅子的插图请见本章末的补白。

詹姆士一世时期另外一座值得关注的房子是英国皇家艺术学院准会员 T.G. 杰克逊先生的产业。杰克逊先生写有一篇介绍这座房子的文章，曾在萨里郡考古协会内对一部分会员宣读过。他们于 1890 年造访了这座位于温布尔登的"鹰宅"。这座宅子原为十七世纪初一位伦敦商人的乡村别墅。杰克逊先生亲眼见识了房屋建造者精湛的技艺，并表达了他的观点——这里的雕刻和装饰工艺出自本地而非外国工匠之手。在他撰写的小册子中，有这种凹陷式"带状装饰"的插图。尽管这种工艺属于詹姆士一世时期，但在伊丽莎白时期的雕饰中也能见到。

4-12 长沙发、扶手椅和单人椅。雕花镀金，华丽丝绒包面。为彭斯赫斯特庄园套房中的部分家具，另外还有一口意大利式的橱柜。时期：查理二世时期

假若查理一世执政时期的政局不那么动荡，英国的室内装饰艺术或许能在这一时期取得更大的成就。王后来自美第奇家族[8]，意大利文学正当潮流，因此意大利艺术家就很有可能受到鼓励，来英国指导我们的工匠。国王本人就是一名出色的工匠，曾吹嘘说除了制作帘布以外，他几乎可以靠其他任何一种营生过活。他的父亲在莫特莱克创建了织锦工业[9]，而他

【8】美第奇家族是佛罗伦萨的著名家族，13–17 世纪时在欧洲拥有强大的势力，是意大利文艺复兴时期重要的艺术赞助人。查理一世的王后亨利埃塔·玛丽亚是法王亨利四世的女儿，她的母亲玛丽·德·美第奇即来自美第奇家族。（译注）

【9】指詹姆士一世于 1619 年建议在莫特雷克地区创办织锦工业，此地曾一度因织锦业而闻名。（译注）

自己则引进了拉斐尔底图[10]，以鼓励艺术创作——对于品位非凡、能吸引凡·戴克这样的画家定居英国的君主，民众自然会寄予更多期望。不管内战[11]让作为臣民的我们赢得了多少自由，毋庸置疑，它让我们这样一个崇尚艺术的民族在艺术领域多年来停滞不前。

让我们来细看一下这一时期的家具。在十六世纪中叶之前，英语中“table”一词意指“索引”或“口袋书”，又或者是“列表”，不是指家具。正如我们在伊丽莎白时期的家具中所注意到的，那时的“table”由几块木板组成，木板用铰链相连，便于拆卸和存放，底部由支架（trestle）支撑，支架有时有雕花装饰。顺便提一下，“trestle”一词源于“threstule”，即一种三条腿的支架。那时，除了房内的主人，其他人坐的都是这种三足凳和长木凳。我们已经知道，当时有靠背的椅子还非常稀少，有时只有一把，类似王座，是为最尊贵的客人或房子的男女主人而设。毫无疑问，我们现在所说的“taking the chair”（就职）就是那时遗留下来的用法——那时的椅子地位尊崇，是有身份的人士们的宅邸中最为珍贵的家具之一。1596 年创作《罗密欧与朱丽叶》时，莎士比亚的脑海中恐怕就有这种桌板和支架的影子：

> “来，乐工们，奏起音乐来吧。
> 站开些！站开些！让出地方来，姑娘们，跳起来吧。
> 浑蛋，把灯点亮一点，把桌子一起搬掉。”
>
> 节选自《罗密欧与朱丽叶》，朱生豪译

因为《亨利四世》剧情发生的背景要比《罗密欧与朱丽叶》早几年，很可能其中的“table”用的还是其早期的含义，因为

【10】拉斐尔底图（Raffaele Cartoons），由意大利文艺复兴时期的杰出画家拉斐尔创作的七幅用于编织织锦的大型底图，表现了《福音书》及《使徒行传》中的场景。（译注）

【11】指 1642–1651 年发生在英国议会派与保皇派之间的一系列武装冲突及政治斗争。（译注）

剧中的约克大主教有这样一段台词：

“国王已经厌倦于这种吹毛求疵的责难，

所以他要扫除一切芥蒂【12】，

免得不快的记忆揭起他失败的创伤。”

节选自《亨利四世》，朱生豪译

马斯克尔先生（Mr. Maskell）在他关于象牙工艺的手册中写道，“table”一词在十四五世纪时也指教堂内具有宗教色彩的雕刻和绘画。他还引用了乔叟的作品来说明“table”这个词还可以指“draughts”（国际跳棋、黑白棋）。

“他们跳舞、下象棋和双陆棋。”【13】

但是到了现在，到了我们正在写的这个阶段，靠背椅已经随处可见了，“table”也毫无疑问已经是一种家具了。如前一章所写，在此时及二十年前的物品清单上，已经出现了“细木桌”（joyned table）、“框架桌”（framed table）、“立几”（standing table）和“不可折叠桌”（dorment table），而“board”一词已经逐渐消失了。作为纪念，它有了引申义，或用来描述商业活动中一群围坐着开会的人，或出现在“聚餐”（the festive board）一词中，用于社交生活。这些早期的桌子大多宽30英寸左右，客人们单边就坐，背靠墙壁，大概是为了便于更好地抵御晚餐消遣时房子可能被突袭。即便后来失去了实际效用，这一习俗仍保留了很久。

4-13 彭斯赫斯特庄园折叠桌。时期：查理一世至詹姆士二世时期

镶有黑色线条的抽拉式桌子。时期：查理二世时期

到了查理一世时期，桌子的宽度增加了。此外还出现了一种特别的设计，需要时只要从桌子两端各拉出一块活动桌板，用一种楔形装置降低主桌板的高度，使加了活板后的整个

【12】原文为“wipe his tables clean”。这里的“table”指的是用板岩、象牙等材料做成的记事本（table-book），指代各种恩怨纷争，也即朱译中的“一切芥蒂”。（译注）

【13】原文为中古英语“They dancen and they play at chess and tables”，其中的“table”相当于现代英语中的“backgammon”，即西洋双陆棋。（译注）

桌面处于同一平面上，就能使桌面的面积增加一倍。1881 年的《艺术杂志》上刊登了一篇 G. T. 罗宾逊先生（Mr. G. T. Robinson）撰写的家具论文，其中的插图（4-13）上就有一张“抽拉式桌子”（drawinge table），当时对这种“最新改进”的桌子就是这么称呼的。桌子上的黑色线条是橡木中嵌入的染色梨木，橡子形的桌腿构件是从荷兰引进的设计，当时非常流行。这种设计也用于橱柜的腿，但大多都有雕饰。这一时期的另外一种桌子是“折叠桌”，有十二、十六或二十条腿。正如它的名字所说，桌子折叠后的尺寸仅为拉开时的三分之一。在文具商同业公会会馆内，就有一张这样的桌子。

长沙发（couch）在英国开始为人所知很可能是在十七世纪早期。当时它并不常见，样子也与我们现在所知的那种奢华家具不尽相同，很可能只是一种橡木雕花的高背长椅，衬有软垫，白天可以靠在上面休息。莎士比亚曾写过“披着丝绒袍子”的马伏里奥刚从一张“卧榻”（day bed）上起身。《理查三世》中也有类似的描写。[14]

在学术季刊《笔记与问题》（*Notes and Queries*）的某一期中，有一篇文章反映出当时（1622 年）女士们的衣柜仍是非常简陋的家具。文章援引了记录于 1622 年 11 月 13 日的某份旧文件，列出了纳撒尼尔·里奇爵士（Sir Nathaniel Rich）的姐姐、一位名叫伊丽莎白·摩根的女士所拥有的衣物家什：“在我女主人的卧室里，有一口硕大的有格栅的橱柜。”从这份清单来看，摩根女士是那个年代的时尚达人。我们可以想见，在詹姆士一世和他的继任者当政时期，女士的卧室里除了一张床榻、一把祈祷椅、一条长凳、几个柜子，以及必不可少的镜子外，就没有更多其他家具了。

4-14　西奥多·胡克的座椅。橡木雕花涡旋纹座椅。

【14】在鲍蒙特与弗莱彻的剧本中有这样一段：“梅迪那公爵送来的那个长沙发（couch）收拾好了吗？”贴身女仆回答：“准备好了。”而后玛格丽特又问：“每个房间里都准备好卧榻（day bed）了吗？”回答是：“都准备好了，小姐。”

4-15 查理一世受审时坐的椅子

4-16 橡木雕花高背长椅。很可能产自约克郡。时期：查理二世时期

“高背长椅”（long settle）和“涡旋纹座椅”（scrowled chair）是查理一世至詹姆士二世时期使用的另外两种椅子。插图是根据斯卡伯勒的道尔顿先生（Mr. Dalton）收藏的真品座椅而绘制的。它们很可能产自十七世纪中期的约克郡。椅背镶板上嵌饰用的是黄杨木（box）或白蜡树（ash），染成墨绿色以代替青黑檀，还有几小块当时非常受人喜爱的名贵的红杉。上文引述过的 G.T. 罗宾逊先生的文章中幸好有相关描述，这种木料“很可能是由某些海盗从西印度群岛带回来的”。他还提到了斯图亚特时期的另外一把椅子，外形像张桌子，后来为作家兼作曲家西奥多·胡克（Theodore Hook）所有，因其悉心保存而面貌如初。《建筑师》（*The Builder*）杂志的编辑、已故的戈德温先生（Mr. Godwin）买下了它。这把椅子的木版画见插图 4-14。

另外一把具有历史价值的椅子，被受审时的查理一世坐过，曾于 1889 年伦敦“斯图亚特王朝展”上展出过。本书展示的这把椅子的图片（插图 4-15），是根据当时刊登在《伦敦新闻画报》（*The Illustrated London News*）上的照片绘制的。

这些橡木座椅有带雕花的，有带嵌饰的或不带修饰的，有的椅背和座面还配有软垫，以提高舒适性。除此之外还有一种软包面的椅子，我们之前提到过，詹姆士一世早期从威尼斯引进，此时已经广泛使用了。这种类型的椅子传世的很少，但从那个时代的画作中仍能看到。画中的椅子以绯红色丝绒包面，配铜钉，座面饰以流苏，与插图 4-9 所展示那把诺尔庄园的椅子较为相似。

在贝斯纳尔·格林博物馆（Bethnal Green Museum）的历史人物画廊里，有一张下议院议长威廉·伦索尔爵士（Sir William Lenthall）的肖像画，画家并未具名，只注有年份 1642 年。画面描绘了那一年 1 月 4 日发生的值得铭记的一幕。当时查理一世闯进下议院，要求议长交出五名“犯有重大叛国罪”

的议员【15】。威廉爵士所坐的正是上述的那种包面座椅，与查理一世受审时所坐的那把非常相似。

镶嵌工艺在伊丽莎白时期还相当简陋粗糙，但是外国稀有木材的进口推动了英国镶嵌工艺的发展。在意大利、法国、荷兰、德国和西班牙，镶嵌细工（marqueterie）早已相当出色。早在1595年，罗利爵士【16】就已经发现了桃花心木（mahogany），但直到十八世纪中叶，桃花心木才得到了广泛的应用。

4-17 橡木雕花椅。左椅据说克伦威尔家族成员曾经使用过。（原件为T. 诺利斯·帕尔先生所有）；右椅为詹姆士一世时期风格。（原件为本书作者所有）

1891年，因为大东铁路公司【17】要扩大在主教门大街的办公区域，一座具有古文物研究价值的老房子被迫拆除，大东铁路公司慷慨地将其捐献给了南肯辛顿博物馆。博物馆将其进行布展，以便参观者们了解十七世纪中期古雅老宅的外饰和内部的木工艺。这是查理一世时期的外交官保罗·品达（Paul Pindar）的故居，内有一座橡木雕花壁炉架，还有这一时期其他一些精美的装饰木艺。

插图4-17中的左椅据说是克伦威尔家族成员坐过的童椅，可以视作那个时期橡木雕刻的代表。椅子现在的所有者将其出借给笔者。自从所有者的祖先娶了护国公克伦威尔的女儿以后，这把椅子就成了他们家族的传家宝。装饰风格并不奇特，也许可以据此认为，在共和国时期，英国的装饰艺术并没有什么进步。插图4-18说明，即便清教徒们普遍反对人像装饰，但仍有逆潮流而动的例外出现。在1849年S.C. 霍尔夫人（Mrs. S. C. Hall）为《艺术杂志》撰写的论文《对英国神殿的朝圣》（*Pilgrimages to English Shrines*）中，她描写了为嫁给艾尔顿将军（Henry Ireton）的护国公女儿布丽奇特（Bridget）所建造的

4-18 艾尔顿将军宅邸的扶梯（1630年）

【15】当时伦索尔的回答流芳百世："尊敬的国王陛下，我既无眼睛可看，也无舌头可说，下议院指引着我，我是这儿的仆从。"（译注）

【16】罗利爵士（Sir Walter Raleigh，1552–1618），英国探险家、航海家、作家，在美洲拓展殖民地，将烟草和马铃薯引进英国。（译注）

【17】大东铁路公司（Great Eastern Railway），成立于1862年，运营的主线为伦敦利物浦街至诺里奇，1923年并入伦敦及北东铁路公司。（译注）

房子的室内设计。漂亮的橡木扶梯有角柱，角柱顶端雕刻的人像表现了将军所率部队里不同等级的人物，有上校、普通士兵、风笛手、鼓手等。栏杆之间的雕饰表现的是象征战事的物品。天花板按当时流行的式样装饰。在霍尔夫人撰写此文之时，房子上还刻有克伦威尔的名字和“1630 年”的字样。

自共和国时期开始，椅子的使用变得更加普遍。人们可以想坐椅子就坐椅子，不再认为椅子是贵族专享的。有一种我们称之为克伦威尔式的椅子，就是此时从荷兰进口的。椅背为朴素的方形，座面包覆棕色皮革，椅背和座面均饰以黄铜钉。椅腿具有克伦威尔时期简单朴素的特性，不同于现在常见的车制螺旋纹。

长期的国外生活使得查理二世和他的朋友们习惯了更为奢华的法国和荷兰家具。随着王政复辟，出现了一位外国王后、一个外国人主导的朝廷、法式社交礼仪和法国文学。橱柜、椅子、桌子和卧榻从尼德兰、法国、西班牙和葡萄牙进口到英国。我们的工匠从中汲取新的构思和图案，与此同时，人们对装饰性家具的需求也增加了。葡萄牙国王把他们在印度的驻地孟买作为陪嫁赠予了女儿——英国的新王后。牛津博物馆内有一把乌木雕刻的印度 – 葡萄牙风格的椅子，是查理二世赠送给伊莱亚斯·阿什莫尔（Elias Ashmole）或伊夫林（Evelyn）的。这把椅子与彭斯赫斯特庄园的那把非常相似，与同一设计风格的高背长椅，以及 G.T. 罗宾逊先生在关于“坐具类”的文章中描述过的小折叠椅配套。罗宾逊认为该折叠椅属意大利风格，但以现存于南肯辛顿博物馆的一把类似的椅子来看，我们不妨大胆推测它是佛兰德斯式的。

从印度 – 葡萄牙风格家具来看，这把乌木雕刻的椅子似乎在查理二世时期，车制螺旋纹开始为英国人所知并流行起来。笔者注意到，在某些英国制作的椅子上，椅腿雕刻成仿车制螺旋纹的样式——当时的英国乡村木匠之所以大费周章雕刻这种纹样，恐怕是因为想模仿流行的进口样式，却不会用车床加工的缘故。在亨利·肖的《存世古典家具样品图绘》中也有一些插图，可以看出某些台灯支架也采用了这种车制螺旋纹，和任何一种装饰元素盛行时的情况一样，它也没能逃脱被滥用的命运。

插图 4–19 所示的彭斯赫斯特庄园那套十三件的成套家具，很可能就是这一时期从国外进口的。两把稍小的椅子似乎还是原配的坐垫，其余的都由已故的德莱尔和杜德利勋爵重新配了衬垫。其中两把椅子椅背上的纺锤形立柱用象牙做成；有些椅子的乌木雕花要比其他椅子的更为精美。

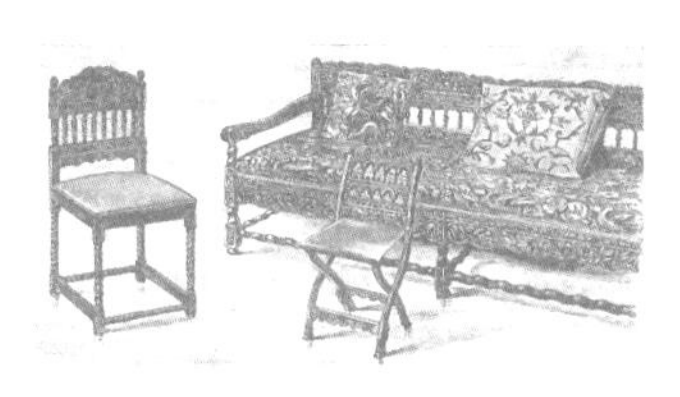

4–19 高背长椅和椅子。乌木雕刻，同属于彭斯赫斯特庄园内的一套印度–葡萄牙风格家具，配以一把佛兰德斯式的折叠椅。时期：查理二世时期

我们从伊夫林著名的日记中获得了不少与这一时期家具有关的信息。他描写了汉普顿宫上下为迎接查理二世的新娘——葡萄牙布拉干萨王朝的凯瑟琳公主在此欢度皇室蜜月而忙碌准备的场景。这是一座具有历史意义的建筑，亨利八世的六位王后曾在此享受过短暂的宠幸，爱德华六世也在此度过了他病恹恹的童年。

“它像哥特式建筑群一样整齐划一，雄伟庄严。宫内的家具举世无双，特别是拉斐尔设计的黄金装饰的华美帘帷。至于挂毯，我相信世界上没有什么会比‘亚伯拉罕和托比特书’【18】的故事更加华丽的了……王后的床榻上铺着银线刺绣的深红色天鹅绒，耗资 8000 英镑，是国王陛下回国时尼德兰联省共和国赠送的礼物。巨大的镜子和用大片金箔打造的梳妆台是王后的母亲赠送的。王后还从葡萄牙带来了此地前所未见的印度式橱柜。”

当然，伊夫林的日记是在雷恩对汉普顿宫进行文艺复兴样式的扩建之前写的。

1666 年的伦敦大火烧毁了约 13000 间房子和至少 89 座教

【18】这幅织锦仍保存在汉普顿宫的大厅里。

堂，克里斯托弗·雷恩爵士（Sir Christopher Wren）由此获得了史上前所未有的机遇，来展示他的设计和重建才能。在写到这位伟大的建筑师时，麦考利说："和同时代的大多数人一样，对雅典柱廊的朴实之美和哥特式拱廊的阴郁壮丽，他无力模仿，甚至都无法欣赏。但在阿尔卑斯山的这一侧，没有谁可以像他那样成功仿制意大利那如宫殿般宏伟的教堂。即便是最杰出的路易十四，也没能为后世留下一座可以与圣保罗大教堂相媲美的建筑。"

雷恩的这一杰作于1675年启动，1710年完工，历时35年，带领我们经历了詹姆士二世执政时期、威廉三世和玛丽女王联合执政时期，一直贯穿至安妮女王统治末期。他在此期间所做的令人钦佩的工作，为我们的首都增色不少，也对十七世纪下半叶的装饰木艺产生了显著的影响。在汉普顿宫、圣玛丽勒布教堂、格林威治医院和切尔西医院的增扩建工程中，大量采用石头和大理石装饰，体现出他想与路易十四所缔造的雄伟奇观一较高下的雄心壮志。汉普顿宫的喷泉庭院直接模仿自凡尔赛宫。圣保罗大教堂唱诗班席位的木雕上，有凹槽的立柱支撑着雕花中楣；雕饰精美的镶板和两侧风琴台上的美丽雕像，都表明橡木装饰是与大理石和石头装饰的风格相统一的。缀满果实和鲜花的垂花饰、翅膀收拢的小天使头像，连同雷恩作品中的其他细节，与我们将在下文中提到的雕刻大师格林林·吉本斯（Grinling Gibbons）的设计非常相似。

可以稍提一下的是，少数几座躲过大火且留存有值得一提的木制品的教堂，包括圣海伦主教门教堂和卡尔特修道院教堂。后者还保存着十六世纪左右留下来的布道坛原件。

著名的巴斯比博士（Dr. Richard Busby，1606–1695）任威斯敏斯特教堂校长一职长达55年之久，深得国王查理二世器重。据说国王曾送给他一幅出自彼得·莱利爵士（Sir Peter Lely）之手的画作，名为"巴斯比之椅"（Sedes Busbiana）。这幅旧画的印刷件非常稀少，笔者有幸得到了J.C.锡恩先生（J. C. Thynne）的慷慨出借，插图4-20就来自他所珍藏的印刷件。画面中间那位对主教法冠充满渴求的教员，是索斯博士（Dr. South）的肖像，他后来接替巴斯比出任校长。在威斯敏斯特教堂里，他们俩的纪念像是紧挨着的。插图很有意思，虽然可能并不是按照一把真正存在的椅子绘制出来的，却反映了当年一位艺术家头脑里的设计。

4-20 “巴斯比之椅”。（出自J. C.锡恩先生所存的印刷品。原画出自宫廷画师彼得·莱利之手，由查理二世赠予巴斯比博士【19】）时期：查理二世时期

在伦敦各界同业公会会馆中，论起建筑的古雅奇趣，以及与周边喧嚣街区的对比之强烈，恐怕没有哪家能比得上老城区艾都街上的酿酒师同业公会。它和大部分公会会馆一样，在伦敦大火中有部分损毁，却是率先开展重建和重新装修的会馆之一。厨房里仍有一个老式三脚支架的残件和早期的其他遗留物，但是大厅或者说餐厅，还有议事厅都保存完好。在1670年至1673年的内部装修完成后，只增添了极少的东西。议事厅里有一个雕饰精美的橡木壁炉架，因为年代久远几乎已成黑色。壁炉架设计成盾牌的样子，上有棕榈叶和带翅的头颅，还有果实和鲜花垂饰。盾牌上有铭文，写明了这一房间的护墙板完成于1670年奥德曼·奈特（Alderman Knight）在任时，他是当时的公会会长和伦敦市长。房间本身极具古趣，有着高高的护墙板和窗户，让人联想起轮船的舷窗。从大窗户往外望，可以看到老式的花园，让参观者大饱眼福，仿佛回到了查理二世时代。

主厅用当时的橡木雕饰装扮得更加漂亮。建造的确切时间“1673年”字样就刻在出入口的匾额上，上面还用当时的文字刻着公会会长的名字“詹姆斯·雷丁先生”，以及理事们“罗伯特·劳伦斯先生”“塞缪尔·巴伯先生”和“亨利·赛尔先生”。

历届公会会长和其他理事的名字也分别被刻在了他们各自的盾形纹章上。整个房间就是现存的这一时期橡木雕刻艺术最好的样本之一。房间最西端有一张公会会长的专属座椅。承蒙

【19】画中的拉丁文“Sedes, ecce tibi! quae tot produxit alumnos, Quot gremio nutrit Granta, quot Isis habet”意为：座上贤师，桃李满园；康河瞩目，笑傲牛津。Granta是康河的上游，在剑桥大学校园的银街桥处改称康河；Isis则是泰晤士河流经牛津一部分的名字。题词意在说明巴斯比博士在威斯敏斯特教堂培养的学生又进入剑桥和牛津深造。

巴斯比博士学识渊博，尤以治希腊文和拉丁文文法见长。此画以拟人手法表现了语法、词汇、修辞等学问的奥义，也表现了十九世纪早期古典文化研究者更易在神职之路上获得晋升的现实。（译注）

4-21 公会会长专座。出自酿酒师同业公会会馆。（原图为 H. 埃文斯绘制的钢笔素描）

公会职员希金斯先生（Mr. Higgins）的协助，使得我们能在此奉上插图 4-21。盾形椅背、帷幔状雕饰、刻有公会宗旨的盾徽，都极富特色。此外，房间内的橡木装饰还包括科林斯柱和拱形三角楣饰，也同样很有特色。椅子上方支撑飞檐的缺口天鹅颈式三角楣饰很可能是后来添加的，因为此类装饰约三十年后才出现。

同业公会会馆里还有旧餐桌和长凳，都尽可能地朴实简单。议事厅里有一张桌子，原先是放在公会驳船上的。桌子下方连接两端支柱的连拱饰上有一些精美的镶嵌作品，还有几只古旧的狮足雕饰。桌面和其他部分经过翻新。此外，还有一块约十七世纪末的橡木挡火隔板。

另一处市政设施位于圣玛丽亚街，靠近路德门山，是文具商同业公会会馆，那里的木艺装潢是在伦敦大火后不久完成的。现任公会文书查尔斯·罗伯特·里文顿先生（Mr. Charles Robert Rivington）写了一本小册子，里面满是关于这一历史悠久、令人尊敬的社团的有趣记录，以下就是从中引用的一段："大火之后的第一次议事会议在厨师公会召开，之后一直到会馆重建完毕，议事会议都是借用雷姆医院，也就是圣巴塞罗缪医院[20]的大厅而开的。1670 年，同业公会指定了一个委员会来负责重建事宜；1674 年，议事会与斯蒂芬·科莱奇（Stephen Colledge，著名的新教徒细木匠，1681 年在牛津被处以绞刑）达成协议，由他负责制作会馆的护壁板，'根据提供的范本制作经过良好风干、搭配和谐的护壁板，总造价为 300 英镑'。他的作品现在仍保存得相当完好。"

1881 年，里文顿先生在伦敦和米德尔塞克斯考古协会上宣读了他的论文。文中有对这一件十七世纪精美样例的描述，笔者在 1899 年进行了确认，欣然表示赞同。与酿酒师同业公会会

【20】圣巴塞罗缪医院是欧洲最早的医院，建于 1123 年，也是英国仍在原址的最古老的医院。（译注）

馆相比，护壁镶板没那么华丽，图案也没那么复杂，只用雕刻木线稍做装饰。但是房间的尽头，或者说主入口，即原来高台（很早以前就已被拆除）的对面，却与酿酒师同业公会会馆较为相似，展现出良好的建筑效果。

插图 4-22 是同业公会两个侍餐柜中的一个，原先放在高台上，是当时碗碟展示柜中的精品。下半部原先用来存放未上桌的佳肴，那些食物会在宴会结束后分发给穷人。这两个侍餐柜原先的飞檐是笔直的，有鹰饰（公会饰章）的缺口三角楣饰很有可能是后来加装的。对此，据盾形徽章上的文字写道，同业公会“在威廉·吉尔阁下（Right Honourable William Gill）担任市长的 1788 年，经过修缮和装饰”，当时汤玛斯·胡克先生（Mr. Thomas Hooke）任公会会长，菲尔德先生（Mr. Field）和里文顿先生（现任文书里文顿的祖父）是理事。

在一个堆放旧家具的房间里，仍保存着一条十七世纪的老式长条凳——如今大厅里取代它的是现代的折叠椅。长条凳用橡木制成，凳腿为车制，呈瓶形木柱状，向外倾斜。凳腿间用简易的撑档相连并加固。旧桌子仍摆放在原处。

另一个十七世纪橡木镶板的范例是布商同业公会会馆漂亮的小教堂。布商同业公会是唯一一个拥有自己小教堂的同业公会，但只有墙上用来防止变形的衬砌和祭坛背后有装饰的屏风是原来的老物件，其余的都是一二十年前新加上去的。当时，原先的雕刻部件大多被应用到了新的装饰中。的确，在这个气势恢宏的会馆中（大概是所有同业公会会馆中最宽敞的），有许多新部件与老部件混搭使用的例子，比如新壁炉与老饰架。某些出自雕刻大师格林林·吉本斯之手的雕刻装饰件，因为过度油漆而失去了本色。如今，它们被用在了大餐厅的橡木镶板上。

从詹姆士一世初期开始，起居室里的木质衬砌就一直处于变化之中。1638 年，一个名叫克里斯托弗的人为在皮革上镀珐

4-22 橡木雕花的仆从侍餐柜。出自文具商公会会馆，制作于 1674 年，弧形三角楣饰很可能是在 1788 年加装的。

4-23 扶手椅。左边为斯皮塔佛德丝绸包面的椅子。出自汉普顿宫。中间为包面雕花座椅。出自哈德威克庄园。右边为斯皮塔佛德丝绸包面的椅子。出自赛文欧克斯的诺尔庄园。时期：威廉三世时期至安妮女王时期

4-24 橡木雕花屏风。出自文具商同业公会会馆，设立于 1674 年，皇家徽章为后来所加。

琅和黄金的技术申请了专利，这种皮革覆盖于橡木镶板上，用于装饰墙面。在此之前，这种装饰用皮革都是从荷兰和西班牙进口的。在皮革尚未得到应用，而织锦又过于昂贵而难以获得时，灰泥墙面往往只是很粗略地装饰一下。之后，画作开始作为装饰嵌入护墙板中，伊夫林在1669年记录埃平森林[21]的“诺里奇伯爵”的宅子时，曾这样写道：“护墙板上嵌入了不少画作，都是伯爵的祖先贝克先生从西班牙带来的。”事实上，护墙板后来几乎沦为画框，伊夫林对这种停用木材的行为极为痛惜，他曾表达过这样的观点：应该颁布一项禁止奢侈的法令来恢复“木材的原本用法”。尽管并没有这样的法律出台，但在大约二十年以后，流行风向的轮回还是使得在衬砌中使用橡木镶板的习惯复兴了。

4-25 诺尔庄园银质家具（照片由塞文欧克斯的科克先生提供）

据说大约是1670年的时候，伊夫林在德特福德郊外的一间茅草屋里结识了格林林·吉本斯，并把他引荐给了国王。国王让吉本斯在工程委员会任职，并派了很多活儿来支持他。吉本斯的雕刻作品特色鲜明，广为人知：木料多选用欧椴树，小鸟和鲜花栩栩如生，累累硕果和有翅小天使的头像也极易辨认。温莎城堡中有一个房子的装饰就是由他一凿一凿完成的。在圣保罗大教堂、汉普顿宫、查茨沃斯和伯利等地，也能见到由他亲手完成的作品。而他的巅峰之作，也许得属苏塞克斯郡的佩特沃斯庄园。他也用石材雕刻。温莎城堡内查理国王雕像的底座、皮卡迪利大街上圣詹姆斯的圣水器（底座上雕刻着亚当和夏娃），以及圣餐桌上椴树制作的垂花饰边，也都是他的作品。吉本斯是英国人，但童年似乎是在荷兰度过的，他正是在那儿受洗并命名为“格林林”的。他于1721年去世。其学生包括为查茨沃斯制作了大多雕刻作品的德比郡人塞缪尔·沃森（Samuel Watson），以及布鲁塞尔的德雷福特（Drevot）和梅希林的劳里

【21】埃平森林，伦敦地区最大的公共开放空间。（译注）

斯（Lawreans）。吉本斯和他的学生一起在英国创办了一所雕刻学校，该学校秉承传统，一直延续至今。

1685年，路易十四宣布废除《南特敕令》【22】，新教徒在法国受到迫害，由此形成了这一时期一波比较重要的法国工匠移民潮。这些难民带着他们的手艺、图样和创意而来，影响了英国的装饰框雕刻工艺和某些家具的设计。这种影响在汉普顿宫的某些家具中仍有迹可循，特别是雕花和镀金的大茶几，以及法式设计、英国工匠制作的大烛台。据说至少有50000个家庭离开法国，其中有数千人从事手工业。他们在英国和德国定居，其后代至今仍生活在这些地方。他们带来了水晶枝形吊灯的制作工艺，在斯皮塔佛德建立了丝绸工业，也发展了一些当时在英国还没什么人从事的行业。

诺尔庄园漂亮的银质家具就属于这一时期，这套家具是为詹姆士二世时的某位多塞特伯爵打制的。插图由塞文欧克斯的科克先生所提供的一张照片复制而来。南肯辛顿博物馆存有该家具原件的电铸模型。诺尔庄园另外还有两套家具，每套都包括一面镜子、一张桌子和一对大烛台。一套是简单无修饰的胡桃木，另一套则用乌木制作，配有银质配件。由此可见，在詹姆士二世时期，一套梳妆用的家具虽然会因不同情形而有昂贵和廉价之分，但花纹样式都与图中所示的相差无几。银桌上还有当时英国金业公会证明其所用银纯度的检验印记。

1680年至1700年间的英国家具很明显受到了佛兰德斯设计的影响。荷兰总督、英王威廉三世和他的荷兰朋友一起，进口了很多家具，而我们英国的工匠似乎也能模仿个八九不离十。南肯辛顿博物馆和汉普顿宫的椅子和长沙发，均有带造型的靠背，靠背上有较宽的带嵌饰或雕饰的竖直撑档。家具的弯脚、

【22】1598年由亨利四世颁布，承认法国国内胡格诺教徒的信仰自由，是世界近代史上第一份有关宗教宽容的敕令。1685年，路易十四颁布《枫丹白露敕令》，宣布新教非法，《南特敕令》被废除。（译注）

椅腿中部和椅背顶部的贝壳状雕饰至今仍能在许多荷兰老宅子中见到。

这一时期有一些家具几乎无法与佛兰德斯家具相区分，但在另外一些家具上，却有特征明显的镶嵌细工装饰，即用冬青树或黄杨木雕刻的海草涡卷纹，镶嵌在浅色的胡桃木底子上。一个很好的例子就是现藏于南肯辛顿博物馆的“落地钟”，上面的镶嵌装饰色彩和谐，赏心悦目。

与落地钟同属一套藏品的，还有一张胡桃木大茶几，制于1700年前后。桌腿扭曲，带有撑档，桌面嵌有交叉的圆圈，并镶有象牙制成的星星浮雕。

我们在谈论这一时期的法国家具时就注意到，镜子的使用变得更为普遍，镜框均采用雕刻和镶嵌工艺。汉普顿宫内就有几个这样的镜框，边缘均采用斜削工艺的厚玻璃。还有一些镜框整个由玻璃制成，有些镜框的玻璃短边接缝处饰有蓝玻璃制作的玫瑰花装饰，有的则在镜框各边加有一条窄窄的镀金装饰边。在其中一个房间（女王长廊）内，镜框被漆成各种颜色，并饰以镀金浅浮雕。

从荷兰进口古家具和从日本进口漆器柜的审美情趣，不仅为这一时期装潢高档的房间增色不少，也为我们的设计师和工匠们带来了新的理念。同样，这一时期的收藏家们也对东方的瓷器青睐有加，不管是青花瓷还是彩瓷，在荷兰都有很好的市场。加上当时已经能买到由出色银匠打制的银器，使得威廉和玛丽联合执政时期的家居装潢能够比先前时期更具艺术感。而在此前，墙面的挂毯和镶板、一张桌子、一个仆从侍餐柜，以及三四把椅子，就几乎是客厅里的全部家具了。

第一次出现“壁角柜”（corner cupboard）的提法是在一则介绍荷兰细木工人的广告上，刊登于1711年3月8日的《邮差报》（*The Postman*）。这些带有雕花三角楣饰的壁角柜成为安妮女王时期房间里的时髦家具。

这一时期及此前几个时期流行的橡木衣橱多由上下两个部分组成，上部有时呈八角形中的三面状，顶板由立柱支撑；下部笔直，整体雕有锯齿状装饰。在衣柜尚未出现的时代，这些实用家具被记录在当时（1680–1720 年）的物品清单上，被称作“衣橱”（press cupboards）、“大橱”（great cupboards）、“护墙板”（wainscot）和“细木柜”（joyned cupboards）等。

据利昂博士（Dr. Lyon）在他出版于美国的著作《新英格兰的殖民地家具》（*The Colonial Furniture of New England*）中所述，“Buerow”，即我们现在所说的“Bureau”一词首次出现，是在 1727 年 1 月 4 日《每日邮报》（*The Daily Post*）的一则广告上。他同时引用了贝利（Bailey）于 1736 年在伦敦出版的《不列颠词典》（*Dictionarium Britannicum*）中为“bureau”一词下的定义，即“一个橱柜或斗橱，或者存放纸张或账本的带书写板的书柜”。

在十八世纪下半叶，这些实用家具得到了更为广泛的应用。由齐本德尔及其同时代人设计和制造的一些实用家具的插图，将在论述那一时期的章节中出现。

利昂博士还引用了一份美国报纸，即 1716 年 4 月 16 日《波士顿新闻通讯》（*The Boston News Letter*）上的一则广告。显然，在那则广告刊出的时候，我们现在所称的那种高高的“落地钟”还是刚刚被介绍给美国大众的新鲜玩意儿。我们已经提到过收藏于南肯辛顿博物馆的同一类型的落地钟（制作于 1700 年）。毫无疑问，到了十八世纪初期，类似的时钟已经变得越来越常见。这则广告还提及它的运行原理，“新近从伦敦运来一批非常精美的时钟——可走时一周，拉绳可报时”（拉绳即等同于按下了打簧表【23】上的按钮），“装于日式或胡桃木盒子里”。

【23】又称“问表”，可通过表壳上的按钮或拨柄启动发声装置，报告当时的时间。（译注）

据笔者所做的调查，我们所说的“安妮女王时期”的家具和木制品的装饰风格，除了刚刚描述过的镶嵌细工，应该是受到了当时几位杰出建筑师的设计风格的影响。此时，詹姆斯·范布勒爵士（Sir James Vanbrugh）正在为女王的常胜将军建造布莱尼姆宫[24]和霍华德庄园；尼古拉斯·霍克斯莫尔（Nicholas Hawksmoor）已经建好了布鲁姆斯伯里的圣乔治教堂；苏格兰建筑师和古董商詹姆斯·吉布斯（James Gibbs），则建造了圣马丁教堂和牛津的皇家图书馆。这些建筑内部的木制装饰都显得比较呆板。插图 4-26 显示了詹姆斯·吉布斯设计的三种壁炉架和壁炉上的装饰架。中间的壁炉架带有弯曲的或称为“天鹅颈式”的三角楣，是这一时期颇为流行的装饰式样。到了“乔治时期”（即英王乔治一世和乔治二世）时期，这一式样逐渐为一种更厚重的三角楣饰所替代。

4-26 三个壁炉架。1739 年，由建筑师詹姆斯·吉布斯设计。

汉普顿宫内的家具为我们提供了木制品和家具设计从威廉三世时期向乔治二世时期转变的证明。先是荷兰式弯脚椅，以及同样是荷兰风格的无装饰的胡桃木牌桌——很可能是跟随荷兰总督（即威廉三世）传入英国的。随后是安妮女王的寝宫内厚重的帘帷，以及几乎全为斯皮塔佛德丝绒包面的椅子。随着厚重的乔治风格开始占据主流，出现了僵硬笨重的镀金家具，以及用鳖脚的希腊回纹饰装饰桌腿的桌案。最后是法国的设计流派开始影响我们的雕刻工匠，桌子和大烛台的设计有所改良，因为略显笨拙粗糙，而未被当作同时期法国工匠们的作品。那些据说曾属于加洛林女王的仪典座椅、床榻和凳几也是吸收了法国流行元素的范例。

几乎所有撰写家具和木制品题材的作者都会认同，本章讨论的这一时期的早期，即十七世纪，是英式家具最辉煌的时期。通过插图和文字所描绘的詹姆士一世早期的家具样例，我们可

【24】布莱尼姆宫（Blenheim Palace），由英国议会赠送给马尔博罗公爵约翰·丘吉尔，他极受安妮女王宠幸，被任命为国内外军队的总司令。（译注）

以发现，之前伊丽莎白时期风格奇异、手法粗糙的雕刻手法被逐渐摒弃，这一时期的设计更加精细，家具结构更加稳固，技艺也更加成熟。

十七世纪英国制作的橡木家具，至今仍捍卫着当时精雕细刻的工匠们的声誉。即便是那些软包家具，如诺尔庄园里的卧榻和椅子，在历经250多年之后，仍能正常使用。当我们谈及现在的家具及制作方式时，总会与詹姆士一世时期进行对比，而比较的结果总是更推崇后者。

在前几章，笔者想尽可能保持对各个时期家具的叙述连贯性，从最早期一直延续到欧洲文艺复兴进程的全面展开。因此，笔者把更多的笔墨放在了英国（而不是其他国家）家具历史相对较短的一个时期上。

现在，有必要暂时打断这个计划，在重新开始讨论欧洲的设计和制作工艺之前，用一章的篇幅来介绍在中国、日本、印度、波斯和阿拉伯蓬勃发展的与家具相关的工艺美术分支，时间上则是从欧洲文艺复兴之前一直延续到文艺复兴之后。

4-27 霍兰德庄园的座椅。时期：十七世纪

第五章　东方国家的家具

5-1 首字母装饰图——东方式（撒拉逊）桌子

中国和日本家具

我们已无从了解，中国人最初是从什么时候开始使用仪典或日常家具的。我们也无从得知中国人是否像古亚述人和古埃及人一样，拥有过一段包含细木工、雕刻和装潢艺术的古代中国文明——很可能是有过的；印度博物馆【1】中展览的石膏模型再现了桑吉佛塔（Sanchi Tope）的装饰石门，佛塔位于印度中部的中央邦首府鲍帕尔市。从这座石膏模型中能够看出，作为中国人的邻居，印度人在公元纪年的早期便已开始在宗教建筑和宫殿的木制品中用木雕表现人和动物的形象。我们在当今中国人身上看到的技艺——他们使用木料、象牙和石材时显示出的那份令人称奇的灵活与熟练，很可能传承自他们的祖先。

苏格兰裔瑞典籍建筑师威廉·钱伯斯爵士（Sir William Chambers）曾于十八世纪上半叶游历中国。正是他，为英国的家具和装潢带来了“中国风格”，这种风格被齐本德尔和其他工匠所采用，本书第七章会对此进行介绍。爵士用以下文字描述了他在“繁花之地”见到的家具：

“厅堂中的陈设包括椅、凳和桌，材料有玫瑰木、乌木、漆器；也有纯用竹材的，材料便宜，效果却利落美观。木质家具中，凳面往往是大理石或瓷质，虽然坐上去很硬，在夏天极为炎热的地方倒也不失舒适。房间的角落里摆放着四五英尺高的托架，上面或供着盛满佛手柑或其他香果的盘子，或放着插有珊瑚枝杈的瓷瓶，摆着球形玻璃金鱼缸，缸中插着某种很像茴香的草；在专为摆放装饰品的桌子上，人们还会放置盆景，其中有石头、灌木，还有某种生长在水中鹅卵石间的兰花。有时也会摆放人造盆景，材料有象牙、水晶、琥珀、珍珠和各类宝

【1】本文指的是英国的印度博物馆，由东印度公司于1791年建立，迁入南肯辛顿地区后博物馆所有权及大部分藏品都转给了南肯辛顿博物馆。而后南肯辛顿博物馆中的印度展品又于1911年迁入了后来的维多利亚与阿尔伯特博物馆新楼，这部分建筑被重新命名为印度博物馆。（译注）

石。我曾见过一些价格超过300基尼的假盆景，但那不过是廉价的小玩意儿，是对自然的拙劣仿冒。除了盆景之外，他们还会摆上几个自己珍视喜爱的瓷瓶、小铜瓶来装点桌子。这些瓶子大体线条简单，形状悦目。据中国人说，这些器物制造于两千年前，出自名士之手，人们对这样的古董真品（有大量仿冒品滥行于市）出手极为阔绰，有时一件的价格能超过300英镑。

“折叠门组成的隔断划分了卧室和客厅，天气炎热的夜里，折叠门会收起以便空气流通。卧室很小，除了床和一些上过清漆、用以存放衣物的箱柜，此外再无别的家具。床十分富丽堂皇，床架与欧洲床架十分相似，用材为玫瑰木，或雕花，或上漆；帘幔用塔夫绸或薄纱，颜色一般或蓝或紫，有时以金线绣花。靠近床顶处绕一圈白缎制的衬帘，一英尺宽，上面分格分屏地描绘着不同的图案——花卉、风景、描绘人物对话场景的风俗画，点缀以印度乌墨和朱砂写就的箴句寓言。”

5-2 中式描漆屏风纹样（藏于南肯辛顿博物馆）

十四世纪或十五世纪的旧画作和雕刻品，能够使人对中国和日本的早期家具形成初步的认识。十九世纪民族史研究学者拉西内（阿尔伯特－查理－奥古斯特·拉西内，Albert-Charles-Auguste Racinet）在他的《服饰历史大全》一书中，复制了这样一幅画作。画中有一位中国公主靠在卧榻上，可见稍作装饰的乌木榻架，长榻上有刺绣华美的织物软包，这个富有艺术气息的民族自古就以其非凡的绣品而闻名。一位侍从站在公主身旁，正递给她一柄大烟枪，用以排解日子的单调沉闷。公主的一只手臂搁在榻上的小木桌（或小架子）上，小桌上还摆着一个花瓶和一个烟枪托。在另一幅古画中，两个人物坐在席垫上，玩一种类似于黑白双陆棋的游戏，在一个画着黑白方格的小桌上移动棋子，看上去像现代象棋的棋盘。桌脚带造型，高度恰好适合两位棋手下棋；地板上摆放着茶杯，可随心取饮。这样的画作所属时代一般归为十五世纪，正值明朝，应该正是中国文化和品位得到提升的时期。

从这一时期至后一个世纪（十六世纪），中国还出产美丽的漆木橱柜，饰以象牙、珍珠母贝和银，乃至金子。偶尔有一些这样的橱柜被带到了英国。但是这个时期和十七世纪的此类古董真品数量极少，价值极高。

欧洲常见的中国早期家具制造于十八世纪，多为荷兰人下单定制进口的。这解释了家具设计中有趣的东西风格糅杂；也解释了为什么会有这样的屏风——画面是阿姆斯特丹和其他城市风景（照着专为绘制屏风送去的西洋绘画临摹的）；框架却是玫瑰木雕以竹子回纹花样，典型的中式风格。也有精雕细刻的床架、桌子和橱柜，装配着染成深色的白蜡木嵌板，描绘狩猎场景。其中人和马都是象牙做的，或者以象牙制成脸和四肢，服饰则主要由染成棕色的木料做成。

南肯辛顿博物馆收藏着一张十分漂亮的桌子，据说制造于交趾支那（今越南），装饰中大量使用了珍珠母贝来制造华丽的效果。

已故的爱丁堡公爵从中国和日本带回的家具都有着舶来品的常见特点。后文中对印度或孟买家具的评述，也适用于这类欧洲设计融合中式细节的作品。

中国和日本在装饰家具方面最为称道的制品便是美丽的漆器。在下一章对法国十八世纪家具的研究中，我们就会看到这道工序在荷兰、法国和英国或成功或失败的应用。

不过本章还是有必要将上漆工序写得详细一些。

十九世纪法国学者阿尔伯特·雅克马特先生（Albert Jacquemart）描述了这道工序在中国是如何操作的【2】：

“木材刨平滑后，以薄纸或丝质薄纱包覆。磨成粉末的红色砂岩和牛胆混合，在表面铺上厚厚一层。晾干后，将这层材料用蜡抛光打磨，也可以浇上胶水使粉末材料得以固定。上清漆

【2】引文来自《家具的历史》（*A History of Furniture*）。（译注）

要用平刷，清漆上好后将木料放在热湿空气对流干燥室中，再从这里传入工匠手中。工匠会将其打湿，用纹理细腻的软陶片，或木贼草（也叫笔头草）的茎秆，再次打磨表面。打磨后刷上第二层漆，待干后再次抛光。以上步骤多次重复，直至漆面完全光滑亮泽。层数不会少于三层，也很少超过十八层，然而据说一些中国古代漆器和一些日本器物上漆层数能超过二十层。不过在中国，这么多层漆似乎是非常少见的——卢浮宫中珍藏着一件传奇的'六层'（lou-tinsg，音译），顾名思义，这件物品一共上了六层漆。这证明即便是只刷六层漆的物品也已足够稀少，值得特别一提。”

就像不同等级的嵌木细工之间存在极大差别一样，不同种类和质量的漆工之间也差距甚大。最受赞誉的莫过于金胎描漆器物。路易十五时期，日本亲王们送给一些荷兰官员的摆件便是第一批抵达欧洲的金胎漆器。在金底上描漆的手法在家具上十分少见，一般只应用于那种迷人的小盒子上，并点缀极少量银箔，或饰有工艺精湛的小型风景和人物，画面部分为哑金，部分为高度抛光的金，使得漆器的光泽更加出众。金匠大师皮埃尔·古蒂埃（Pierre Gouthi è re）曾亲手将这类美丽的小型漆工饰片镶嵌在一些为路易十六的王后玛丽·安托瓦内特（Marie Antoinette）定制的上等家具上面。

砂金漆[3]在颜色上很像闪着金光的棕红色砂金石（或称日长石），砂金漆便由此得名。砂金漆还有一种稍欠精细的预制品，常被用来装饰橱柜小抽屉的内表面。另有一种漆工，底色为黑色，漆描风景以金线勾勒，笔触细腻，鲜明美丽。皇家御用家具师让-亨利·里厄泽纳（Jean-Henri Riesener）曾使用过这样的描漆作品，并由古蒂埃装配在为玛丽·安托瓦内特制作的一些最为贵重的家具上。卢浮宫里收藏着若干件这样的家

【3】这个词出现于十八世纪，描述一种仿制日本梨地蒔絵（泥金漆器）的工艺，漆面如洒金。制作时，需要将小块金属（通常是金子）撒到还没有干的漆上，再盖上一层红黄色调的透明清漆。（译注）

具。这种漆工的质量参差不齐，在橱柜、折叠屏风、保险箱、桌子、展示架和其他装饰家具中都能看到。有时在嵌入珍珠母贝时，工匠会在母贝反面涂上透明彩色，使装饰感更强烈更鲜明。在表现鸟类羽毛或鲜花时，中国和日本的工匠都会使用这种技巧，将美丽的花朵和鸟儿的羽毛表现得栩栩如生。

南肯辛顿博物馆收藏着一座稍晚时期的中国描漆屏风，这是一件十分杰出的作品，共有十二屏，皆为 10 英尺高，完全展开后有 21 英尺长。屏风两面皆装饰精美，黑色底色衬托着各式彩色或镀金的凹雕和浮雕。华丽的屏风边框饰有宗教符号和其他各种图案。购买这件屏风花了 1000 英镑。博物馆中还藏有一些十分华美的椅子，是现代的中国作品，用料为棕色木材，很可能是柚木，镶嵌有精致的珍珠母贝。这些椅子曾于 1867 年在巴黎世博会上展出。

对于日本工艺美术的早期历史我们所知甚少。马可·波罗在十三世纪游历日本时究竟见到了什么样的家具，没有任何记录。十六世纪时，耶稣会信徒在日本取得了一席之地，将一些日本家具运送回了英国；而在那之前恐怕从未有过日本制造的家具抵达过欧洲。十六世纪末和十七世纪的日本漆器极为精美；我们有理由猜测，日本人一定花了很长时间去尝试和实践，才得以彻底掌握很可能是传自中国的漆器工艺。

闻名遐迩的漆器中除了大小橱柜箱匣以外，别的家具似乎很难得见。后来，日本人逐渐喜欢上模仿欧洲习俗风尚；但在此之前他们似乎习惯于坐在地垫上，配合几英寸高的小矮桌。卧室里甚至没有床架，只有轻巧的床垫，既当床架又当床铺。

上漆的过程前面已有描述。在第六章中，读者将会看到此类装饰材料如何通过荷兰抵达法国，再被装配到当时的“豪华家具”上面。早年间，除了这些家具，以及德累斯顿的日本宫中那套著名的瓷器藏品以外，这个富有艺术气息的民族的艺术品恐怕绝少有出口外流的。直到 1858–1859 年间，额尔金和金卡丁伯爵[4]海军准将佩里（Commodore Perry）的航海远征敲开了日本的大门，加之有驻日本领事阿礼国爵士（Rutherford Alcock）的古董知识和相关研究，日本工艺作品这才开始出口。阿礼国爵士在增进我们对日本工艺美术的了解上做出了卓著的贡献，毫不夸张地说，就英国而言，他是第一个引进日本帝国家具的人。

明治维新，以及日本800余年的封建制度的瓦解，都随着天皇的登基画上了句号。1867年，幕府大将军献出他那有名的珍藏，在巴黎拍卖以筹集资金支持他与大名之间的内战消耗。那之后开始有更多精良的日本器物出口至巴黎和伦敦。然而自1874年起，真正精美的古董几乎完全停止了外流。于是质地低廉、工艺粗糙的次品得以进口，在缺少上等品的欧洲市场大行其道，好满足潮流时兴带来的需求。鼎盛时期有旧制度下的王宫贵族资助支持，得以留下许多大师佳作。如今日本政府急切想要回收这样的名家作品，便在东京建立了博物馆。大量曾经流入欧洲售卖的精美漆器被回购作为珍品在这里展出，供本国工匠临摹参考，从而有助于恢复日本古有的赫赫声名。

5-3　日本造红色雕漆橱柜。时期：十七世纪至十八世纪

南肯辛顿博物馆中藏有一件十分美丽的日本雕漆箱匣，制造于日本艺术的黄金年代——约十七世纪初。它曾属于拿破仑一世，后在汉密尔顿宫拍卖中以722英镑的价格被买走。箱子大约3英尺3英寸长，2英尺1英寸高，本来的用途是装佛书经卷的书箱。表面以最精细的手工展现了日本某座皇宫的内景和一个狩猎场景。这件美丽的漆镶作品上用到了珍珠母贝、金银和砂金石作为装饰材料，箱锁的金属加工则代表了最上乘的锁片装饰工艺。

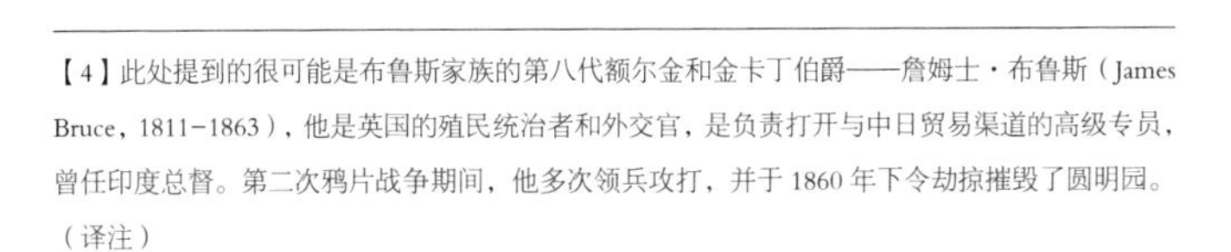

【4】此处提到的很可能是布鲁斯家族的第八代额尔金和金卡丁伯爵——詹姆士·布鲁斯（James Bruce，1811-1863），他是英国的殖民统治者和外交官，是负责打开与中日贸易渠道的高级专员，曾任印度总督。第二次鸦片战争期间，他多次领兵攻打，并于1860年下令劫掠摧毁了圆明园。（译注）

1900年故去的维多利亚女王次子萨克森－科堡公爵（Duke of Saxe Coburg）的收藏中有过几件上等漆器，分别来自中国和日本。几年前这几件漆器被运到克拉伦斯宫，彼时笔者曾有幸为公爵殿下提供有关漆器摆放安排的建议。其中最古老的一件是一张天皇赠予公爵的阅读台，台面倾斜，可置书本，很像普通的阅读架，但装饰迷人。台面平整部分以描漆绘制景物风光；较小的部件则饰有涂漆镀金的花卉和四叶草菱格浮雕纹样。这张阅读台制造于十六世纪。额尔金和金卡丁伯爵、享有英国功绩勋位——巴斯高级勋位爵士的阿礼国爵士、收藏了大量远东瓷器的乔治·索亭先生（George Salting）、英国陆军元帅高夫子爵（Hugh Gough），以及其他著名艺术爱好者的收藏中，包含着一些堪称十七、十八世纪日本艺术品黄金时代典范的作品。

中国人和日本人将古怪奇趣的雕刻带到了家居装饰之中，有精彩绝妙的神龙，也有稀奇非凡的精怪，特别是古庙中的装饰木制品，只有那些长于精妙设计且技法娴熟的大师才能完成。他们的报酬相较于我们欧洲的观念水平又是如此低廉，这使得在其他条件下本不可能完成的作品得以在他们手中产生。如果把中国和日本两国的家具装饰做比较，可以说日本人在设计和整体装饰上比中国人显得更加怪诞和异想天开。日本的细木工是无法超越的，他们的栅格制品，无论是设计还是工艺技巧都令人赞叹，大多显得古雅而又复杂精密，只有靠近观察才能将这些栅格与细雕回纹网格区分开来。

印度家具

欧洲对印度艺术和制造的影响是长期持续的。最早在联合东印度公司[5]刚成立的时期，施加影响的是葡萄牙人与荷兰

【5】也称荷兰东印度公司，是荷兰于1602年建立的具有国家职能、向东方进行殖民掠夺和垄断东方贸易的商业公司。（译注）

人，后来则是1664年在那里成立贸易公司的法国人，最后则是英国人，而第一份老东印度公司的特许令早在1600年就已签发。因此欧洲品位控制了几乎所有装饰性物品，以至于很难找到一件以本土观念为主导的装饰物，在设计上都是欧洲风格。因此，确定印度在莫卧儿帝国时期（1505–1739年）究竟存在什么样的家具就变得很重要，即便这部分家具的数量很有限。1739年，波斯人在纳迪尔沙阿（也称塔马斯普·库里·汗，Tahmasp Kuli Khan）的带领下入侵印度，摧毁了莫卧儿王朝的统治，本属莫卧儿的国土被各个小领主瓜分。

莫卧儿帝国曾经的华美王座和仪典座椅皆为精致镀金，椅腿或底座有时为车木腿，一些部件饰有雕花；椅子造型有如沙漏，或者说像两只底对底叠放的碗，上半部分延伸成为很高的靠背。拉西内先生那笔酣墨饱的巨著——《服饰历史大全》足足有20卷，1876年在巴黎出版。书中以插图再现了弗朗索瓦-安布鲁瓦斯·迪多（François Ambroise Didot）先生收藏的一些微型画。插图以优质金银漆和彩墨印制，画面细腻精美，完美地展现了印度的君主们端坐在仪典座椅上的景象，座上带有象征皇室威严的华盖。宝座上的嵌板与装饰上点缀着花卉图案，有单独的花头，也有完整的植株；颜色以明亮的红、绿色为主，而嵌板或椅背的底色为银色，饰有阿拉伯式样的卷曲花纹；其他部分完全镀金。长榻为长方形，四条雕花车木腿支撑，高约8英寸或10英寸，也为镀金。本地风俗常奉茶点，因而另设可由奴隶抬进房间的小几来摆放点心，除此之外就没有别的家具了。图中女眷房中的女士们坐在豪奢的地毯上，墙壁以金银五彩装饰，装饰风格与拱形门窗、雕花镀金大门呼应相宜，也和这些印度宫殿中主人身上鲜艳夺目的服饰交相辉映。

莫卧儿帝国势力瓦解以后，荷兰、法国和英国的影响引发了设计风格的杂糅，同时伴随着风俗礼仪的更改，这使得我们现在所知的“孟买家具”逐渐成型。把那精密考究的雕花用在与之完全不相配的葡萄牙、法国造型的椅子和长榻上面，或是用在我们熟悉的圆桌、椭圆桌上，将其雕刻到无法辨认的境地，这就是"孟买家具"风格的实例。此类家具偶尔能在英裔印度人家中得见，他们雇用本地工匠为自己打造此类家具，提供欧洲式的桌椅作为参考模型，装饰细节方面则全权交给本土风格。南肯辛顿印度博物馆中有几件这样的孟买家具，还有几件锡兰人制造的作品。

这股影响还波及了银器、珠宝、织毯、刺绣和陶艺，它破坏了印度设计和工艺中那种古趣盎然而又怪诞奇异的风格。从送往南肯辛顿参加 1886 年举办的殖民地展览会[6]的展品中就能直观感受到这种影响带来的破坏。不过这部分问题并不属于本书要谈论的。

在南肯辛顿博物馆的琼斯（John Jones）系列收藏中，有两把象牙雕刻的椅子和一张桌子，桌子整体镀金，椅子部分镀金。英国殖民军猛攻迈索尔邦国的塞林伽巴丹（Seringapatam）时，曾经从人称"迈索尔之虎"的苏丹王第普·沙西布（Tippo Sahib）手中夺来一套家具，这两把椅子和一张桌子就是那套家具中的一部分。印度总督瓦伦·哈斯丁斯（Warren Hastings）将这套家具带回了英国，献给了乔治三世的妻子夏洛特王后。王后去世后这套家具便被拆散，第一任隆兹伯勒伯爵大人购买了其中一部分，现出借给了贝斯纳尔格林博物馆（Bethnal Green Museum）。

在维多利亚女王登基周年纪念庆典收到的众多礼物之中，也有一些印度工匠打造的非常气派的象牙家具，在温莎城堡中可以一观。这些作品和琼斯系列收藏中的藏品一样，虽然在涡卷纹、花卉和叶饰处理方面完全是印度特征的，但在整体形状

【6】全称为殖民地和印度展览，这是在南肯辛顿博物馆举办的一次大型展览，旨在"刺激贸易往来，加强大英帝国各属地之间的联系"（威尔士亲王语）。展会由维多利亚女王剪彩，接待了 550 万参观者。（译注）

和结构上清晰地显示出法国风格的影响。盒子、锣架之类的物件，用材有白檀、黄檀或黑檀木，作雕花装饰，并佐以玫瑰木线条；在这类小件家具物品上应用的印度装饰，有一个独有的特征：即木材表面带有红漆涂层，无装饰的部分高度抛光，而雕刻装饰部分则不作打磨保持哑光。这样处理的物品具有红色封蜡制品的逼真效果；精细的雕刻纹样和整体处理常常让人觉得那是用精刻的模具在蜡料上压印制成的。插图 5-4 展示的精美小箱便属于这类制品，曾于 1851 年展出过。

5-4 印度雕漆小箱

大件的印度雕刻木制品材料为柚木，笔者所知最精致也最具特色的是两扇折叠门。它们曾是送给印度政府的礼物，现存放在印度博物馆中。这是十七世纪的作品，据说曾是拉贾斯坦邦卡劳利县（Kerowlee）一家图书馆的大门。门框为柚木，外框装饰着以高浮雕表现的叶纹雕花饰带。门的主体分隔成形状奇异的嵌板，然而组合的方式又保持了充分的规则感，十分悦目。一部分嵌板上有雕花并饰以象牙制成的花朵，另一些嵌板中央装点着象牙雕成的圆花饰，底板衬以红绿染色的云母片，这种装饰方式在一些阿拉伯风格作品中也能看到。几乎无法用语言充分形容这两扇门；它们应该作为印度本土设计及制造工艺的珍品范例来仔细研究。波伦先生曾对它们作出颇为细致的总结：“这两扇门，就其形状和比例之优雅，其框架与局部组合之得当，其装饰线条、嵌板雕花与装饰而言，我们暂时举不出比其更有启发性、信息更丰富的样本。它们的装饰风格令我们想起威尼斯圣马克大教堂的镂雕栅格。”

在印度博物馆中还有一件值得注意的印度本土家具，那是一把贴满纯金金箔的八角形椅子，造型仿似两只碗倒扣叠放，装饰着敲花塑型【7】的莨菪叶形【8】和莲花。这是十八世纪工匠的作品，曾是印度旁遮普地区锡克王国的国王玛哈茹阿佳・兰吉特・辛格（Maharaja Ranjit Singh）的财产。椅子上的贵金属以东方技法薄薄铺上，金箔下的木料承担重量。本来维多利亚

【7】原文为 repousee，也称 repousee and chasing，是一种使用在贵金属上的古老工艺，充分利用金属特有的延展性，反复地退火与敲击，使金属板材具有半浮雕的样式。工匠从金板背面用方头小锤向外侧击打，形成基本造型的轮廓和层次，这个过程叫做 repousee（锤击冲压）。然后使用更小截面的锤和凿，在正面对凸起的轮廓进行分层局部加工，这就是所谓的压纹铭纹（chasing）。（译注）

【8】一种根据刺莨菪的坚挺、多刺的叶子设计的建筑装饰，这是一种外观与蓟相仿的植物。古希腊和古罗马时期，该植物造型曾被大量用于建筑物及艺术设计中，常被用作科林斯和复合建筑柱式的柱头的一部分，造型中的叶片往往结构复杂，形态卷曲。（译注）

女王要在帝国研究院建立庆典时使用这尊宝座，但在最后一刻选择了另一把椅子。

印度博物馆还藏有一套石膏模型，再现了一些寺庙宫殿的局部，建筑所属时代从历史早期直到当代。其中几件石膏模型曾在 1886 年出借给当时的殖民地印度进行展出。

仔细研究这些石膏模型的装饰细节后，我们得出了这样的结论：曾在罗马帝国时期完全占据亚洲较文明地区的拜占庭风格，在中世纪的剧烈变迁后依旧保存了下来。本土工艺或多或少地受两种影响左右—— 一边是印度支那神像雕刻工的影响，另一边则是开辟新大陆的葡萄牙拓荒者们的欧洲理念的影响，由此形成了一种无法以某种流派名称去定义、也难以描述的装饰木工艺风格。英裔印度博物学家、作家乔治·伯德伍德爵士（George Christopher Molesworth Birdwood）在他关于印度艺术的著作中指出，大约 100 年前，移民印度的波斯设计师和工匠影响了印度设计风格。印度博物馆中的展品就显示出这种影响带来的结果，后文将会简短地介绍这些影响，并以此作为印度作品部分的结尾。

有一件印度紫檀制的仿制品，仿造了旁遮普邦阿姆利则市（Amritsar）的一扇雕花窗，再现了柱子支撑着的悬垂上楣和装饰性窗拱，窗户表面满覆装饰细节，是十六、十七世纪作品的绝佳范例。柚木所造的住宅房屋正墙门脸上饰有雕花，曾经上漆以突出雕刻效果的地方现在仍然留有漆痕。当时艾哈迈达巴德的雕刻工匠以其木工手艺闻名，而这个柚木门脸正展现了他们的技艺。

有一扇漆工屏风，局部看上去很像压花镀金皮革——图案是金色，背景或黑或红，饰有称作“镜面马赛克（mirror mosaic）”的独特克什米尔工艺饰品，能够让我们对十八世纪和十九世纪早期的印度装饰风格形成较好的认识。嵌板上的小块几何纹样中镶入小镜子，产生装饰效果；将嵌板拼接到一起，一面十分华丽的天花板就形成了。

缅甸贡榜王朝国王锡袍（King Theebaw）的床架自曼德勒（Mandalay）运入本国，正是上述这种玻璃与木料结合的范例，这种手法可以达到很强烈的装饰效果。木料经过雕刻和镀金，嵌入小片镜子和各色染色透明玻璃，模仿出金制底座镶嵌无数珍贵宝石的样子。

国王爱德华七世（当时还是威尔士亲王）的部分礼物——雕刻着狮形扶手的椅子和镶嵌乌木与象牙的印度紫檀桌，也都显示了上文所述的欧洲对印度设计风格的影响。

在博物馆中收藏着一些现代装饰性物品，其中有许多盒子、笔盘、文具盒，甚至相册，均为木条和象牙马赛克拼镶制品。拼镶图案这样制作：将锡丝、檀香木、乌木、本白或染绿的象牙制成细条摆放在一起，细条捆扎成束，截面为三角形或六角形，截成小块嵌入待装饰的物品表面。

纸雕和漆工也常常出现在小件家具作品中；印度画家的画作藏品也证实，印度工匠在设计和制作方面技艺高超。

波斯家具

波斯人从不可考的远古开始就是一个极具艺术天赋的民族，他们的艺术风格在代代相传中改变甚少。

皇家陆军工兵（Royal Engineer，RE）默多克·史密斯（Robert Murdoch Smith）少将现任南肯辛顿博物馆爱丁堡分馆的馆长，他在波斯定居过若干年。在那里他曾得到理查德先生（M. Richard，一位著名的法国古董商）的协助，在几年前为科学与艺术部收集了一套艺术藏品。这套藏品现在就在肯辛顿博物馆中，不过其中可被称为家具的东西数量甚少，而且很难看到重要的出自本地工匠之手的装饰性木制品。无论博物馆馆藏还是其他系列收藏品中大多只有小型装饰品。主要原因无疑是因为在波斯木材极不易得。不过毗邻里海的卡斯皮安海域诸省（Caspian）是个例外，本杰明先生（塞缪尔·格林·维勒·本杰明）在《波斯和波斯人》（*Persia and the Persians*）一书中提到，该地区木材产量丰富，那里的波斯建筑师利用了这个优势，在房屋设计中纳入别处不可见的木制门廊，“带有梁、门楣和屋檐，上面装点着古香古色的、有时还十分优雅的雕花，染上明亮的色彩”。波斯地区装饰性木制品的另一个特色则是十分适合此地气候的大格栅窗。

波斯人极擅长制作纺织品，特别是他们著名的亚兹德（Yezd）和伊斯巴罕（Ispahan）织毯，还有放置在锤制镌刻的金属制品中（以前置于美丽陶瓷器物中）的刺绣品。南肯辛顿博物馆中就有很好的藏品。波斯家具的代表性作品很难找到，无非就是一个盒子或一只凳子；因此本书展示一件黄铜熏香炉的图片（插图 5-6），以此来阐释波斯的本地设计方式，这种方式来自其阿拉伯征服者，但进行了改良。

这种设计方式有几个特征值得注意。第一个特征源于穆罕默德真主在训导中禁止设计中出现动物形象，这条原则在后来的作品中稍有放松；第二个特征源于撒拉逊人将数学带入波斯，使得设计中开始采用几何图案；第三个特征是书法艺术进入美术领域，使得众多波斯装饰品设计中出现文字或格言。这三个特征的结合便是艺术术语中经常出现的“阿拉伯花饰”装饰形式的起源了。

波斯装饰性木工艺的一般方法与印度的很相似，要么在棕色木料（通常是柚木）上嵌入拼成几何图形的象牙或珍珠，要么和中国、日本的方式类似——在木盒、文稿盒外涂上一层漆面。以此为底板绘制精美细密画，颜色一般为红、绿和金，并描上黑线为设计增添力道。

上文提到的《波斯与波斯人》的作者在作为美国公使定居波斯时，曾获得研究波斯拼镶马赛克的绝好机会。他在题为“波

5-5 门板檀香木雕花。（来自印度特拉凡哥尔，收藏于南肯辛顿的印度博物馆）时期：约为十八世纪末

5-6 黄铜铭镌熏香炉（藏于南肯辛顿博物馆）

斯艺术一瞥”的文章中详尽论述了这种工艺。他谈到波斯木材稀少的问题时，写道：“出于上文所述原因，人们总是惊异于镶嵌艺术或木拼马赛克所衍生出的非凡才智、技艺及品位。波斯手艺人，特别是设拉子的工匠，在这种美妙又艰深的工艺上所达到的高度是不可超越的——椅子、桌子、长榻、箱匣、小提琴、吉他、手杖、画框，总之几乎任何一种想得到的物品，只要是用木头做的，就可能见到表面覆盖着一层精美的镶嵌装饰；其工艺之细腻，有时会在 1/8 英寸见方的小平面上镶入 35 块或 40 块嵌片。我曾在一把小提琴 1 平方英寸的面积上数出 428 片清晰分明的嵌片，这把小提琴通体覆盖着这种细致精妙的马赛克几何图案。”

读者会注意到，本杰明先生有点过分热衷于这种机械式的装饰风格。他还评论道，这种手法不但细节经得起放大镜的检验，设计上也照顾到了整体性，使得装饰表面从远处看仍然和谐悦目。

南肯辛顿博物馆中有几件波斯漆器展品，外观上和四十多年前在英国十分常见的纸雕物品颇为相似，只不过装饰是东方风格的。

说到十七世纪的作品，还有这么一只精美的箱子，象牙镶饰，效果华丽，堪称波斯艺术顶峰年代设计和工艺中的佼佼者，那时在位的是波斯萨非王朝的沙赫（国王）阿拔斯一世（Shah Abbas）。无数被称为“波斯镶嵌细木工艺品”的小物件，雪松木为底，镶嵌着锡丝和染色象牙，与本章“家具”印度介绍的同类装饰品十分相似。这些东西都是从 1867 年巴黎世博会上采购来的。

由于欧洲创意的引进和融入，可以说今日的波斯艺术正处于变迁之中。

来自开罗和大马士革的撒拉逊木制品

对比东方国家，潮流时尚在西方国家改变的速度更快。在西方国家，从两三个世纪的历史记录中就可以看到从礼仪、风俗，以至于家具，都呈现出剧烈而清晰的变化；而较为保守的东方则满足于把先祖们的传统代代相传。我们发现，自从摩尔人征服西班牙使得阿拉伯设计风格传播开来，撒拉逊艺术中并无显著变化——直至法国和英国的活力与进取心将欧洲时尚强力推入埃及。由此，这个国家自古以来的古雅和东方风格逐渐被欧洲式的大楼、装饰及家具所替代。

开罗一家清真寺中的雕花小讲坛如今收藏在南肯辛顿博物馆中。讲坛为布尔吉－马木留克王朝的凯・特贝（Kait Bey）苏丹王（1468–1496 年在位）制作。装饰有几何图案的侧面嵌板虽因时光与磨耗严重受损，却仍看得出镶嵌象牙的乌木和上漆镀金的痕迹，是这类工艺的优秀样本。同样来自开罗的两扇门板，其上最古老的部件恰好比讲坛早两百年，却与讲坛风格完全一致；从外观上看，这两扇门板完全可以被当成是两百年后的作品——在四五个世纪时期里，撒拉逊风格的装饰木制品的确就是如此的固化保守。五角形或六角形的象牙马赛克，由乌木细条镶边分割不同嵌板，形状奇特的象牙片或玫瑰木片中央雕刻着精细的涡卷纹，这一切带给精美的门板一种富贵华丽的气息，使人想起位于格拉纳达的阿罕布拉宫殿中现在仍存于世的作品。

科学与艺术部很幸运地从圣・莫里斯（St. Maurice）和梅马尔博士（Dr. Meymar）[9] 的私人收藏中获得了一大批十分具有研究价值的藏品。最了不起的是从大马士革某房屋中整个移来的一间完整的房屋。房屋装潢为东方式样，很好地再现了东方风格的室内装修。墙壁装饰为彩色和金色；以扁平半露柱分

【9】盖斯顿・德・圣・莫里斯是一个法国贵族，曾在开罗定居 20 年，担任埃及总督侍从官；而梅马尔博士是一位曾在开罗工作的土耳其人。（译注）

5-7 总督府。曼费卢特图上展示的阿拉伯栅格窗与南肯辛顿博物馆中大马士革房间的窗户类似。

隔空间；设有用来摆放陶器、形状古雅的容器和黄铜锅子的壁龛或橱柜。东方地毯、类似于字母装饰的八角桌、水烟壶、熏香炉以及靠垫装点了房间。他们的栅格窗则是阿拉伯传统雕花飘窗（也称格栅工艺）的绝好代表；由于埃及的旅行者将大量此类物品进口到我国，我们对其十分熟悉。栅格上部的嵌板内嵌入了片片染色玻璃，向光看时极美。在一段阿拉伯语铭文的末尾出现了房间所属年代——1756年；展品上附有铭文的翻译，开头是“奉至仁至慈真主之名”，结尾是“所以要向真主早祈晚祷”。

5-8 撒拉逊风格的雪松、乌木和象牙嵌板（藏于南肯辛顿博物馆）

从原来的框架上分离出来的一些浮雕和嵌板也可供观摩，均是很好的撒拉逊设计样品。有一副镶嵌着象牙和无数小块方玻璃的床架，玻璃下面是纸花，也是很好的本地作品样本。

插图 5-9 所示为一扇来自开罗的雕花木门，南肯辛顿博物馆的权威专家认定它是叙利亚作品。图上显示了车床加工的纺锤装饰，阿拉伯人常常在装饰性木制品中使用这种装饰；门上雕刻的盛满鲜花的花瓶也是此类装饰的珍品。门板时代约在十七世纪。

5-9 叙利亚工艺雕花门（藏于南肯辛顿博物馆）

如果读者想要更多地了解撒拉逊或阿拉伯艺术产业，可以参阅古埃及艺术的早期探索者、法国考古学家、建筑师和作家埃米尔·普里斯·德阿韦纳斯（Émile Prisse d’Avennes）先生所著的《从开罗的遗迹看阿拉伯艺术：七世纪至十八世纪末》（*L’art arabe d’après les monuments du Kaire: depuis le VIIe siècle jusqu’à la fin du XVIIIe*）。本书可以找到许多精心制作的插图，包括软垫坐具、本书提过的格栅外飘阳台、嵌饰八角桌，以及阿拉伯人使用的其他家具。皇家陆军工兵默多克·史密斯少将所著的南肯辛顿博物馆手册——《波斯艺术》（*Persian Art*）在小范围内也是一本便利有用的著作。

在讨论撒拉逊或阿拉伯家具时，不妨留意一件事：我们语言中“沙发”（sofa）一词就是阿拉伯语词汇的变体，阿语中的

“suffah”指的是东方式房屋门前供人倚靠的地方或长榻。斯基特（Skeat's）词典认为沙发这个词第一次出现在1713年的《卫报》中，用到该词的那句话出现在该刊物的第167期中，我们引用于此：“他从他席坐的沙发上一跃而起。”

还有“箱式软凳（ottoman）”这个词，韦氏词典对它的解释是：“无靠背的填充坐具，最早在土耳其使用。”显然也来自于阿拉伯语。今天看到的现代矮座软包椅无疑是法国人对东方的坐垫或“厚垫睡榻（divan）”的改良。“divan”这个词后被用来描述放在东方宫殿的大厅或会议厅中的座椅，虽然该词的原意大概是“理事会”或“法庭”，或者指容纳此类会议活动的厅堂。

就像这样，不同国家的习惯与品位彼此影响。西方人将自己的文明与时尚带到了东方，以自己无穷尽的活力影响了那里的艺术与工业，打开了东方那冷淡慵懒的硬壳；西方人又通过观察研究东方生活中的人际交往和家具陈设而获得了东方观念，将之带回了西方，并使其与欧洲奢侈的需求和优雅相融合。

5-10 特殊形状的撒拉逊风格嵌板。材质为骨雕或象牙雕。

第六章　法国家具

6-1 首字母装饰图——路易十四式斗柜的造型

6-2 布勒式雕刻衣柜。勒布伦设计，早前收藏在汉密尔顿宫系列收藏中，以12075英镑的价格（被维特海默）成对买下。时期：路易十四

法国家具的发展形成了“路易十四式”“路易十五式”和“路易十六式”三种得名于君主的独特风格，其中有些变化非常明显，因此可以认为是不同风格阶段的起始点。

先是参观凡尔赛宫[1]，然后是大特里亚农宫、小特里阿农宫，任何参观者都能对这些发展变化一目了然。哪怕只是对这些不同时期典型装饰略懂一二的人，按照这样的顺序参观，再配合一些插图辅助，也会产生强烈的兴趣。详尽的研究能揭示出一种风格是如何逐渐融入后续风格中的。例如，路易十四式上等豪华家具的那种宏大壮观，随着路易十五时期洛可可式风格的流行，发展为被过度装饰而显得过于华丽，缺乏刚劲。

随后，我们在小特里阿农宫、枫丹白露宫见证到更纯粹的玛丽·安托瓦内特的品位，这种品位支配了她所在时代的艺术品制作。在家具方面，优雅昂贵的工作台和写字桌的制作可谓是达到了巅峰时代。这些制品时隔几年后在汉密尔顿宫藏品零卖时被售出，从而保存下来让我们得以一见。还有其他一些制品，可在卢浮宫博物馆、南肯辛顿博物馆琼斯藏品、其他公众或私人藏品中见到。本章的几幅插图展示了这些藏品。

我们需要明白，路易十四在位时期是艺术家贝伦（Berain）、勒布伦（Lebrun）以及随后的华托（Watteau）的时代，也是国王的家具工匠安德烈·查理·布勒（André Charles Boulle）的时代，更是出色的财政部部长柯尔培尔（Colbert）的时代——这位臣子深知该如何迎合国王陛下对宏伟壮丽风格的偏爱。凡尔赛宫处处被打上了路易十四国王的烙印，其丰富的建筑式内部装潢（以模制、镀金、彩绘的天花板为例）也要求家具陈设要达到前人未曾企及的高度。

路易十四有自己独特的审美判断。他知道，要完成自己理

【1】凡尔赛宫如今的装潢是约1830年时，由法国国王路易·菲利浦主持完成的。C. 高梵（Charles Gavard）所著的《凡尔赛美术馆历史》共13卷，致力于研究凡尔赛宫的画作、肖像画、雕像、半身雕像和各式装饰物。

想中的皇宫，不仅需要甄选有控制能力的合适的艺术家们，还要集中他们的力量。1664年，柯尔培尔成立了法国皇家绘画雕刻学院，家具设计也被纳入其中。著名的哥白林双面挂毯制造厂也建立起来，国王把为他制造家具的技能各异的工匠集中在此，妥善安排了他们的食宿，并于1667年任命他最喜爱的艺术家勒布伦为院长来管理这些工匠。

说到这一时期最出色的设计师，安德烈·查理·布勒当仁不让（他的姓氏Boulle通常被拼为Boule）。他出生于1642年，在勒布伦被任命为艺术总监时他才25岁，似乎是他开创了被称为“布勒镶嵌工艺”的家具装饰技术。这种技术是在黄铜薄片上使用匀称排列的涡卷纹、盛满鲜花的花瓶、森林神灵、动物、丘比特、水果垂花饰和帷幔，切割出图样后嵌入玳瑁中，制成以玳瑁花纹为背景的饰面，来装饰橱柜、柱脚、衣橱、墙角柜、时钟和壁架的表面。这些构成镶板图案的奇特形象具有文艺复兴的自由特征，相适配的镶板框架用轮廓鲜明的镀金涡卷纹装饰，而装饰图案的端头则用同样材料制成气派的装饰线条。这些铜鎏金配件以传统工艺【2】加工镀金，使得金属基底上沉积下厚厚一层金，配件雕刻灵巧，出自雕塑家卡菲瑞及其同时代工匠的妙手。

随后布勒学会了使用同嵌木细工切割师类似的操作方法，从而减少了工作量：黏合两片黄铜（或白色合金）与两片玳瑁，把设计图样铺在材料上，就可以用带锯一次性穿透四层材料，使得一种图样有了四份精确的复制品。如果需制作对称图案，例如做衣橱或大橱柜左右两扇门上的两块镶板时，则重复同样的工序即可。然后将黄铜或白色合金切割片接合于玳瑁片上，使接缝几乎难以察觉，这时就能得到左右各两块镶板。这四块镶板中还有正反之分：正面的一对是以玳瑁为底，金属表

【2】给家具配件镀金的方法描述参见附录。

6-3 布勒风格衣橱（南肯辛顿博物馆琼斯藏品）。时期：路易十四

现出图案设计；反面的一对则以金属做底，玳瑁表现图案。正反面这个说法是笔者用来解释差异性的，用行业术语来说应该是“首件”和“第二件”，或是“正板（Boule）”和“反板（counter）”。正板会选来做橱柜的最佳部位，例如柜门镶板，而反板则用作柜顶、柜底或两侧。这种使用同一种图样的全部四块切割品的做法有大量实例，例如琼斯藏品中的1026号衣橱和其他大量的优秀制品。设计中的黄铜或白色合金片雕刻细致精美。布勒最佳作品上的雕刻之精美使其成为物件的点睛之笔，由此赋予其设计特色，凸显其设计细节。家具的镀金配件以其华美精致的特点，完善了整体设计。卢浮宫收藏了丰富的布勒作品，而在琼斯藏品、赫特福德公馆和温莎城堡也有一些不俗的物件。

插图6-3展示的一件衣橱，无疑是由勒布伦设计、布勒制作的。它是1882年佳士得拍卖行举办的汉密尔顿宫藏品拍卖会上售出的一对衣橱的其中之一，这对衣橱卖出了12075英镑的高价。同系列的另一件小柜也拍出了2310英镑的价格。插图6-4是琼斯藏品中的矮角柜，和上文提到的小柜相似，花费了琼斯先生3000英镑。确定无疑的真品被拍卖时必定是会拍出天价的。琼斯藏品的1026号也花费了琼斯先生4000-5000英镑。

6-4 矮角柜。布勒作品。曾为巴林先生（Mr. Baring）藏品，后被琼斯先生以3000英镑买下。（藏于南肯辛顿博物馆）

在布勒制作的一些橱柜佳品中，表面装饰着轮廓鲜明的铜镀金浮雕，引人注目，比如汉密尔顿宫的衣橱就是如此。卢浮宫的一件家具上还有路易十四大帝的形象，他身着罗马袍，外披战甲，头戴当时的齐肩假发（一点都不符合罗马将领的形象）。此类可笑的糅杂搭配以矫揉造作模仿古典服饰为特征，在英王乔治二世的肖像画中也可以见到。

人面装饰、森林神灵、羊头、卷草纹等，在布勒的这类作品中也非常引人注目。而“太阳”（散发出光线的怪状人面装饰），是这个时期非常受欢迎的装饰。

布勒有四个儿子和几个学徒，可以说是创办了一所装饰家具学院。而这所学院至今还和那个时代一样，有着崇拜者和模仿者。布勒的名字常被错拼成“Buhl（镶嵌细工）”，被用来称呼类似的家具装饰手法，不管装饰有多么花里胡哨或稀松平常。

6-5 路易十四时期的音乐会（出自1696年一幅微型画）

在路易十四统治后期，由于出现了其他因素，影响了当时的品位及潮流，家具风格变得愈发浮华、俗气。玳瑁的天然色泽被取代，透明的外壳下填涂了朱砂或金箔；镀金配件变得不那么简洁，而是布满了卷菊苣叶装饰，这种装饰随后彻底变成了后一任王朝的潮流特色。家具自身的轮廓也遵循了更不受约束、线条流畅的处理风格。为了对勒布伦公平评价，应当指出，从他逝世到继任者——画家米尼亚尔（Mignard）任职期间，家具的水准明显下降。

6-6 路易十四风格布置的卧室

与布勒的作品同时代的，有配件华美的桌子，桌板为埃及红斑岩或佛罗伦萨大理石马赛克；有嵌木细工橱柜，装饰着精美的鎏金或铜镀金配件。斗柜和屏风上涂饰的中国漆，是法国入侵尼德兰以后，由荷兰人进口并带到巴黎的。这个时期已接近十七世纪末，出现了比之前尺寸更大的玻璃板材，装饰家具设计师和工匠的资源得以增加。大尺寸的镜子最早制于威尼斯，镜子上雕刻了人物形象和涡卷图案，装嵌在雕刻华丽并镀金的木框内。随后不久，在英法两国建立起有能力制造更大尺寸的镜子和玻璃的生产工厂，分别在英国的巴特西一带和法国巴黎附近的图拉维尔。这种新材料给相配的木制雕花（通常还会镀金）框架的设计，以及布勒式细木镶嵌设计带来了新的机遇。更多不同种类的橱柜设计也由此产生，我们可以推测，那种门和侧边都由玻璃板制成、用于展示小工艺品的“玻璃橱窗”就是在这个时期首次面世的。

6-7 路易十四风格的客厅装饰

路易十四统治后半期，椅子和沙发都极为富丽堂皇。王公贵族的正式套房中的全套家具包括一张长靠背椅或沙发和六张安乐椅或扶手椅。其框架雕花极具灵气（专业术语称为“灵感”），镀金华丽；靠背和椅座用已负盛名的哥白林双面挂毯或博韦毯进行包覆。

这样一套家具——即使是残旧不堪，需要花高价精心修复，不久前也在佳士得拍卖行售出约1400英镑的高价。一套带有上乘雕饰和镀金、完好无缺的家具，挂毯覆面没有过度磨损，若公开拍卖，毫不夸张地说，价格可能会高达3000-4000英镑[3]。

附录中列有许多这一时期家具工匠的姓名。琼斯藏品中也可以很容易地找到一些极佳的参考样本，可与我们后文所述的后两个时期的家具进行对比。

这里举一个设计造型和细节都存在差异的例子，请留意本

【3】自1892年本书第一版出版后，真正制作精良的老式法国家具的价值已经大幅提升，如上述的这样一套家具的拍卖估价应该已经翻倍。

章开篇插图 6-1“路易十四式斗柜的造型”，再翻到后面论述“路易十五时期”的部分，找到其中的橱柜图片，这些橱柜和上面的斗柜形状有几分相似，但颜色更浅，设计更花哨。就木工工艺来看，路易十四式橱柜的装饰手法为：精选合适的薄木贴面，拼合四片贴面组成一块镶板，制造出天然木纹从中心向外扩散的效果，最后用颜色较深的木条做成外框。上文提到的首字母插图 6-1 就是这样的实例。

路易十五时期

77 岁高龄的老国王路易十四去世后，皇位由他的曾孙继承。那时新国王路易十五还是一个 5 岁的孩童，因此设立摄政王成为必然之势。直到摄政王奥尔良公爵腓力二世（Philip）在 1723 年去世，13 岁的国王才被宣布获得自己的成年地位。这段持续约 8 年的历史时期被称为摄政时期，是家具史上的里程碑。

6-8 布勒式斗柜。推测为摄政时期制作。（卢浮宫博物馆）

大约在这一历史时期，法国的上流社会环境发生了巨大变化。先王追求浮华和奢侈已使贵族阶级的金库消耗殆尽，为了恢复资产，在一二十年前被认为是不可能的联姻如今变得常见了。为了确保自己能够紧跟当下奢侈的风潮，拥有古老血统的贵族迎娶银行家、投机商的女儿。我们也能看到国家政府部门的部长夫人们利用丈夫的权力和影响力在股票投机中牟利，为特许权和合同收受贿赂。

这是一个腐败堕落、挥霍无度、道德败坏、玩弄诡计的时代，然而有人会疑惑：这些和家具历史有什么关系？只要做出一点反思就会发现，先王对豪华待客礼仪的摈弃，以及当时的浮华豪奢的享乐，使得社交圈子的状态发生了改变：在流行的房屋艺术性装饰上，卧室变得远比客厅重要。我们看到的不是宽敞的会客室和豪华走廊带来的高贵雄伟，而是卧室的精致优雅。随着年轻君主在位时间的推进，房间的结构性装饰更加随

6-9 法式轿子（来自南肯辛顿艺术图书馆版画）。时期：路易十五

心所欲，充满冗余赘饰。木雕制品及以混合涂料做的木雕仿制品上常见的卷菊苣叶装饰，在这一时期随处可见——额枋、镶板装饰条、门头边框、镜框等。鸽子、花环、阿卡迪亚式喷泉、流畅的涡卷纹、丘比特、以叶饰为底的女性头像和半身像等图案，被雕刻或压模造型成浮雕后，或镀金，或涂成白色，装饰于墙壁、门及会客室的壁龛处。画家华托、朗克雷（Lancret）、布歇（Boucher）以及他们学生的画作则是适宜的附属装饰[4]。

6-10 屏风板（华托绘制）。时期：摄政时期

家具的制作得以与装修风格相统一，长榻和安乐椅设计为弧度更大、个头更小，木结构全部或部分镀金并进行软包，软包面料有哥白林双面挂毯、博韦毯和奥比松织毯，还有柔软的彩色丝质锦缎和凸纹锦缎；轻型休闲椅点缀着珍珠母或细木镶嵌；屏风绘上了恋爱场景和绅士淑女的形象，画中男女看上去仿佛将整个生命都花费在梳妆打扮和互相恭维上；豪华正式的橱柜被改装成前部突出的膨隆斗柜，斗柜的两端向外凸出柔美的弧度。写字桌体积要小得多，细木镶嵌装饰更繁复，配件更花哨，以适配更小巧、更女性化的公寓。被称为“叠式写字台”的精巧橱柜（安装在桌子上的小橱柜）、小型圆形休闲桌、角柜、多层装饰吊柜以及顶部造型、各个屏风板高度不同的三折屏风，都是从这时候开始出现的。为迎合潮流，人们在轿子上也耗尽了大量劳力和神思，使之变得更为华丽。细木镶嵌也变得更为花哨。

6-11 雕花镀金蜗形腿台桌（M. 杜布勒藏品，巴黎）

路易十五式橱柜的镶饰材料不仅有天然木材，还有染上不同颜色的薄板饰面。风景画、室内景、花篮、鸟类、奖杯、各类纹章、奇特花哨的图案被用在细木镶嵌装饰中。在装饰木艺方面最具盛名的艺术家有里厄泽纳（Riesener）、大卫·伦琴（David Roentgen，通常被称为“大卫”）、帕斯奎尔（Pasquier）、卡兰（Carlin）、勒卢（Leleu）以及其他人，他

【4】华托（1684–1721）、朗克雷（1690–1743）、布歇（1703–1770）。

们的名字可以在附录中找到。

先前的法国君主在位时使用的中国漆器是从东方进口的。自荷兰人与中国确立贸易关系以后，收藏中国漆器的潮流就开始兴起。随后，对更为小件的豪华家具的需求开始增加，收藏家就把漆器拆成小块，将漆器的局部安装在镶板上以装饰桌子或橱柜，或展示漆面。木工们也制作了专门用来准备这样装饰的家具部件，运到中国涂漆——当时只有中国人懂得上漆技术。但是这种方式既花时间，费用又高，从而激发了欧洲人的创造性天赋。他们发现用一种混合树胶和其他成分的制剂反复涂刷，并且每一次都仔细打磨光滑，可以产生几乎和漆器原件一样有光泽、适于装饰的表面。一位名叫惠更斯（Huygens）的荷兰人成功发明了这种制剂，由于他的加工方法十分巧妙，在他之后效仿、改进这种方法的人手法也极为纯熟，人们只能根据服装和叶饰等细枝末节不是严格的东方风格，来辨识出欧洲的漆器。

6-12 路易十五式雕花镀金安乐椅。以博韦毯软包，装饰题材取自拉封丹寓言。

1740-1744 年，马丁家族已拥有三家制造厂，制造这种独特且流行的商品——众所周知的马丁漆。巧合的是，其中一家制造厂位于巴黎的一个区，此区当时和现在都称作圣马丁郊区。1744 年，颁布了一项特别法令准许小西蒙·艾蒂安·马丁先生（Simon Etienne Martin）拥有垄断权，“生产各类浮雕产品和中式、日式风格产品”，这样的情况持续了 20 年。我们可以看到，在路易十五统治后期以及他的继任者统治时期，装饰图案没有局限于模仿中国或日本的题材，而是以当时的装饰艺术家的风格，用黑白色和天然彩色涂饰表面，描绘了类似“丘比特唤醒维纳斯”“加拉蒂亚的凯旋”“仙女和女神”“花园景色”“乡间欢宴”等符合当时审美的题材。在此顺带一提，英国已在这之前制造出漆器。草莓山拍卖目录上就包括了几件涂上古老英国虫漆的橱柜，镶嵌了华丽的法式鎏金配件。这次拍卖在 1842 年举行，以辞藻华丽著称的乔治·罗宾斯（George Robins）是拍卖商，拍卖名录前言则由英国历史小说家哈里

6-13 斗柜。镶板涂饰了上乘老式漆，配件由卡菲瑞制作。（南肯辛顿博物馆琼斯藏品）时期：路易十五

6-14 镶花斗柜。装饰了大块镀金青铜配件，可能由卡菲瑞制作，路易十五时期作品。曾是汉密尔顿宫系列藏品，被韦特海默以 6247 英镑 10 先令购得。

6-15 客厅局部。路易十五式装饰风格，展示了雕花镀金蜗形腿台桌和镜子，以及其他配套装饰物。

森·恩兹韦斯（Harrison Ainsworth）撰写。

这时期家具的铜镀金配件变得更为轻巧和精致，卷菊苣叶装饰非常盛行，莨苕叶沿着斗柜的弧度进行装饰，以叶饰为底的女性头像和胸像、丘比特、森林神灵，搭配着更为别出心裁外形的图案和装饰。卡菲瑞是擅长这种精美华丽装饰的巨匠，在他的设计中引入了中式人物和神龙的形象。雕镂这样的鎏金配件所凝注的大量灵感令人惊叹，是无与伦比、不可超越的。时光使其装饰的木制品的色调变得润泽柔美，配件上的金色因为高浮雕形成的光影而增色不少——凹陷的部分变深暗，突出的部分因经常摩擦而变亮，产生出极其优雅富丽的效果。难怪鉴赏家们愿意为真品一掷千金，而要制造精妙的仿制品也确实代价不菲。

插图选取了一些这个时期更为出名的装饰家具实例（都是在1882年著名的汉密尔顿宫拍卖会上售出的，随图一起附上成交价格），还选取了南肯辛顿博物馆琼斯藏品中的样本。

在研究这个时期的豪华家具时，我们也应该记得，1753年路易十五【5】将塞夫勒瓷器制造厂设立为皇家企业【6】。后来，随着这家著名企业发展壮大，桌子和橱柜都以漂亮的精选软质瓷片作装饰。这类精美瓷片极其适合室内装饰，丰富了某位杜巴丽夫人（Madame du Barri）和某位蓬帕杜夫人雅致闺房的轻佻装饰。

在精致的青铜配件领域，这时期另一位享有盛名的艺术家是皮埃尔·古蒂埃。他出生于1740年，比卡菲瑞要晚几年入行。同他的前辈工匠一样，他没有把自己的眼光局限在家具上，而是在给碗具和花瓶做镶嵌装饰时运用了设计上的丰富创造力和对细节的热爱，他的装饰材料是碧玉、塞夫勒瓷片和东

【5】原文此处为“路易十一”（Louis XI），应是笔误，翻译时做了校正。（译注）

【6】塞夫勒瓷器制造厂1753年被授予“塞夫勒皇家瓷器厂”称谓并启用双L窑印标识，1759年路易十五收购了整间瓷器厂，使之成为正式的王室企业。（译注）

方瓷片。皮埃尔·古蒂埃的作品特征比卡菲瑞的少了些强势，更接近我们下文将谈到的路易十六风格（或玛丽·安托瓦内特风格）——其实把他的作品归类到路易十六时期更为适合。从细节的考究程度上来看，他的作品更像是出自文艺复兴时期杰出金匠之手。

古蒂埃多次受雇于杜巴丽夫人，在 1793 年杜巴丽夫人被执行死刑后，国家拒绝付清欠他的 756000 法郎的巨额债务。这个不幸之人被收容于救济院，在极度贫困中死去。

6–16 路易十五御桌。里厄泽纳为路易十五制作，国家家具管理委员会藏品。（来自 H. 埃文斯的钢笔画作品）时期：路易十五时期

这一时期被用来包覆最上乘家具的著名的哥白林双面挂毯和博韦毯，其图案设计也经历着变化。我们发现，毯子上轰轰烈烈、声势浩大的狩猎场景，被田园牧羊生活、仙女和森林神灵、拉封丹寓言插图和布歇画作所取代。扶手椅（也称安乐椅）的两侧扶手下不再洞开，而是经过软包封闭起来，被用在成套的织锦软包家具中，以“法式扶手椅”的名字为人所知，似乎成为当时的潮流风向标。

毋庸置疑，这时期豪华家具最重量级的实例是著名的“路易十五御桌”，1769 年为路易十五定制，曾在 1775 年皇家宝库的财产清册中作为 2541 号藏品加以详尽描述。这篇描述非常细致，被威廉姆逊先生全文引用在其重要著作《国家家具管理委员会艺术家具》中，占据了这本出版物至少 37 行的篇幅。路易十五御桌长 5.5 英尺，宽 3 英尺，外形线条是优雅和对称美的完美典范。细木镶嵌展现出里厄泽纳最好的手艺；装饰配件富丽堂皇，用罕见的技艺雕镂了斜倚人物、叶形装饰、月桂花环、垂挂花饰。这张享有盛名的写字桌背面也和正面一样布满装饰，并署有“里厄泽纳，1769 年制造，巴黎兵工厂”字样。据说，这位最受恩宠的宫廷木匠于 1767 年在自己的婚礼上接到国王令其制造御桌的命令，新娘是先师爱班（Oeben）的寡妻。从这点来看，制造御桌似乎花费了近 2 年的时间。

这件闻名的杰作 1807 年存放在杜伊勒里宫，也在拿破仑

一世的财产清单中，后来被拿破仑三世搬运到圣克卢宫，又在1870年8月被运至卢浮宫的收藏处，才得以免受德国人的掠夺。如果现在将此桌放出拍卖，据说价格可能会高达15000-20000英镑。

赫特福德公馆的华莱士藏品中有一张相似的写字桌，是奉波兰国王斯坦尼斯洛斯（Stanilaus）之令制造的。在同一批藏品中还有现今巴黎非常灵巧的木匠——家具工匠茨维内尔（Zwiener）制成的一件复制品，花费了大约3000英镑。在本书第四版出版前，出于遵循已故华莱士夫人遗愿的原因，这些价值不菲的藏品被收归英国国家所有，藏品中的精美家具样本目前可供查阅参观。

路易十六和玛丽·安托瓦内特时期的家具

6-17 客厅局部。以路易十六风格装饰设计和配备家具。

在路易十五去世前曾有一段时期，匈牙利和波西米亚女王玛丽娅·特蕾莎（Maria Theresa）的漂亮女儿（玛丽·安托瓦内特）对当时潮流的影响很可能就表现在了家具和家具配饰上。我们了解玛丽·安托瓦内特不喜欢宫廷仪式盛典，她喜欢更简单的生活方式。她有一幢最爱的农舍，是她丈夫登基前4年被赐予用作结婚的宅邸。在凡尔赛宫，她喜欢在露台上和中产阶级的女士们交际周旋，也喜欢穿上简单的白棉布连衣裙忙碌于花园或乳制品工坊间。她表现得如此淳朴，无疑会令人感觉这是一个被赞美宠坏了的女人在装模作样。尽管如此，我们还是可以理解，在老国王路易去世时，民众希望并期待他的孙子及其年轻漂亮的王后能够继位，因为整个法国社会都已厌倦了老国王情妇们的主宰，厌倦了她们的诡计和豪奢，也厌倦了她们的走狗。

在新君主时代，建筑风格逐渐变得更为简洁。支离破碎的涡卷纹被直线取代，曲线和拱门只在合适的地方出现，立柱和半露方柱在公共建筑的正外立面上再次出现。室内设计当然随之变化：更简洁的装饰线条构成了缺角矩形镶板，每块镶板都有圆盘饰或圆花饰，竖式镶板之间立着精美的文艺复兴式样的半露方柱，这些取代了围绕不规则镶板的卷菊苣叶涡纹和冗赘的叶形装饰。在丘比特雕像托着的椭圆形装饰牌上，可以看到出自画家弗拉戈纳尔（Fragonard）或木匠画家夏尔丹（Chardin）之手的家庭场景。画家格勒兹（Greuze）笔下天真无邪的孩童画像取代了求偶的牧羊人，取代了布歇和朗克雷画中神话里的女神。雕塑造型也变得更加高雅端庄。

与建筑、装饰、绘画和雕塑一样，家具也发生了变化。设计变得更为简洁，而丰富的装饰则使其不至于太过肃穆，虽然偶有装饰过度的情况，但基本都是装饰适应设计，而非装饰控制设计。

亨格福德·波伦先生把这种古典品位的复兴归因于赫库兰尼姆和庞贝古文物的发现。然而，上述古文物的出土分别发生在 1711 年和 1750 年，时间要远远早于本章讨论的时间范围，这就不可能成为直接原因。最可能的原因是作为对前期过度装饰的解脱和反抗，设计回归为更简单和纯粹的线条。然而，这一时期的一些装饰物明显表现出受考古发现影响的独特痕迹。在这些意大利古城发现的壁画所衍生的画作和复制品，为这个时期的制图者和设计师们所掌控。关于这类画作和复制品用于装饰的一个实例，可以参见玛丽·安托瓦内特王后的女伴之一塞瑞丽夫人（Marquise de Serilly）的小型闺房。这间闺房的全套装饰性木制品如今陈列在南肯辛顿博物馆中。

这个时期的木制装饰和金属配件有一个显著特点：壁柱有凹槽，从离基座一段距离处用羽毛管和谷物壳填充柱槽；或是从底部和顶部开始填充，中间留出一截柱槽不加装饰。在下面琼斯藏品的木刻画中的橱柜中可以看到例子，图中还可以看到熟悉的“路易十六式”缎带装饰于两片椭圆形塞夫勒瓷片顶部。

6-18 嵌木细工橱柜。装饰了塞夫勒瓷片。（南肯辛顿博物馆琼斯藏品）

6-19 写字桌。里厄泽纳为玛丽·安托瓦内特制作，国家家具管理委员会藏品。（来自H.埃文斯的钢笔画）时期：路易十五晚期

如果柱槽材料使用橡木或红褐色桃花心木，或是漆成白色，那么谷壳装饰就会加以镀金，效果端庄高雅，令人喜爱。金银混合的做法为框架镀金带来了色彩上的变化，把银和一定比例的金混合可得到两种颜色：红金和绿金；后者用于装饰花环和配饰，而前者即普通镀金材料，则用于一般的表面镀金涂饰。桌腿通常都有上面提到的凹槽，形状上粗下细，而且通过横档连接减少了外形的呆滞感。

威廉姆森先生的著作《国家家具管理委员会艺术家具》对我们的课题研究有重要贡献，在他的书中有一幅有趣的插图，显示出了家具设计中发生的渐进变化，而我们也注意到了这种变化。插图6-19是一张小型写字桌，大约长3英尺6英寸，制作于路易十五时期，却颇具玛丽·安托瓦内特风格：桌腿上粗下细有凹槽，横饰带正中有一块铜合金装饰牌，题材是一群丘比特，表现出诗神的胜利，装饰牌两侧有带头像和叶饰的涡卷纹（路易十五风格的唯一装饰特征），纹样连接了桌腿和横饰带。写字桌是为特里亚农宫制作的，时间恰好是玛丽·安托瓦内特成婚一年后。威廉姆森先生逐字引用了关于这件作品的备忘："受方坦纳骑士之令记载并传述此作品实录，以保护巴黎阿森纳的家具工匠里厄泽纳制造的皇室家具"，文字记载于1771年9月21日。随后是对桌子的详尽描述，还附上了其价值——6000法郎，即240英镑。

这件家具的制作者是里厄泽纳，我们已经提到过一件他的杰作——卢浮宫的路易十五御桌。这位享有盛名的木匠继续为玛丽·安托瓦内特王后服务了近20年，直到她离开凡尔赛。在法国大革命时期，里厄泽纳由国民公会指定在特别委员会任职。国王被推翻并处死后，大宗财物被充公，里厄泽纳负责决定哪件艺术品该保留或出售。由此推测他大概活到了18世纪末。

里厄泽纳的设计并没有表现出多样性，但他的作品非常精美、细节丰富。他的设计方法通常是把斗柜正面的中心镶板或桌子的水平装饰带做成杰作，上面的嵌木细工图案精致得令人惊叹。图案题材通常是装着水果和鲜花的花瓶；侧面的镶板表面镶嵌菱形图案，或是细木镶嵌的多个小巧菱形图案；华美鎏金纹饰的框架分隔各块镶板，正中镶板的边框有时会更华丽一些。他为枫丹白露城堡制作的闻名遐迩的斗柜，花费了 100 万法郎（4000 英镑），这在当时是一笔巨款。这个斗柜是他的杰作之一，也是代表他的风格的绝佳范例。在汉密尔顿宫拍卖会上，一个类似的斗柜售出了 4305 英镑的价格，和这个斗柜配套的秘书桌也同时售出了 4620 英镑的价格，而写字桌则售出了 6000 英镑的高价。插图 6-20 展现了这张写字桌，木匠的手艺和古蒂埃雕铸配件的技术成就了这件精心设计的佳作，但其细节不可能在木版画中重现。在佳士得拍卖行的目录中对它有以下描述：“303 号拍卖品。配套的长方形写字桌，带装有墨水台的抽屉、可滑动的写字板和下方的书架。桌面饰有椭圆形装饰牌，上面是装满鲜花的奖杯图案，四面侧边环绕四块装饰牌。铭刻了 T. 里厄泽纳的名字，底部也打上了玛丽 · 安托瓦内特和王后家具保管机构的印记。”写字桌没有注明制造日期，但秘书桌打上了 1790 年的标记，斗柜则是 1791 年。这三件家具一直被视为那个时代最精美的作品。如果我们假设写字台的制造年代

6-20 玛丽 · 安托瓦内特写字桌。曾为汉密尔顿宫藏品。

6-21 玛丽 · 安托瓦内特床榻。来自枫丹白露宫，国家家具管理委员会藏品。（出自 H. 埃文斯的钢笔画作品）时期：路易十六

是 1792 年，那么这三件家具差不多就是这位不幸的王后有生之年见证其完成的最后一批作品了。

里厄泽纳的佳作需要有技艺与之相匹配的工匠来制作配件，幸运的是他有古蒂埃。赫特福德公馆藏品（或华莱士藏品）中有一件有名的钟壳，完整地写着“国王的雕刻工和镀金工古蒂埃，法国巴黎佩尔蒂埃码头，1771 年”字样。不过古埃蒂主要还是和里厄泽纳、大卫·伦琴合作，替他们的嵌木细工制作装饰品。

6-22 圆筒秘书桌。嵌木细工工艺，古蒂埃铜镀金配件装饰。（艾尔弗雷德·罗斯柴尔德先生藏品）时期：路易十六

卢浮宫中就有一些古埃蒂和里厄泽纳、大卫·伦琴合作制作的精美制品，也有用上好的黑色和金色漆饰圆盘代替了细木镶嵌的橱柜；正中的镶板是精心雕镂的古蒂埃制作的铜镀金椭圆形装饰牌，底端支撑着檐口的是用同样材料制成的女像柱。

密尔顿宫藏品中也有这类作品—— 一件秘书桌（我们无法获取到令人满意的图片），成交价达 9450 英镑，是笔者见过的单件家具拍出的最高价，应被视为古蒂埃的杰作。

在南肯辛顿博物馆的琼斯藏品中，有几件令人着迷的路易十六式豪华家具。其中有些用塞夫勒瓷片装饰，对比前一时期流行的洛可可风格，塞夫勒瓷片与这一时期珠宝般的配件更相配一些。

6-23 路易十六式扶手椅

软包家具在设计上变得更简洁。沙发和椅子腿通常是竖直带凹槽上粗下细，但也并非一成不变，有时凹槽不是竖直的，而是螺旋状的；靠背要么是椭圆形，要么是矩形，顶端装饰着雕刻的同心结缎带图案。包覆哥白林挂毯、博韦毯、奥比松织毯，图案题材与当时品位一致。这种风格的一件沙发——两端带扶手，骨架以高浮雕精心雕刻箭支和鲜花的胜利品图案，表面用上乘的古老哥白林挂毯进行软包——在汉密尔顿宫拍卖会上以 1176 英镑售出。这件沙发以前存放于凡尔赛宫。美丽的丝绸和织锦也被广泛用在椅子和屏风上，当时的椅子和屏风设计上变化多样而且极其精美。郁金香木制成的小型双层桌，装饰

精致配件，风行一时。小型休闲家具的腿偶尔同椅腿一样饰以雕花。琼斯藏品中玛丽·安托瓦内特正面膨隆式嵌木细工写字台小巧迷人，是弯脚家具的精品（插图 6-26）。作品的嵌木细工据称为里厄泽纳所制，但其处理方式与他几乎一贯奉行的准则非常不同，所以更有可能是大卫的作品。

插图 6-28 展示的另一精美样品是一件西阿拉黄檀木秘书桌，装饰着精致的鎏金配件，还镶嵌了一些精美的塞夫勒瓷片。

6-25 雕花镀金长靠背椅（长沙发）。博韦毯软包。国家家具管理委员会藏品。时期：路易十六末期

6-24 雕花镀金双人小沙发（长靠椅）和安乐椅（扶手椅）。博韦毯软包。国家家具管理委员会藏品。（出自 H. 埃文斯的钢笔画）时期：路易十六末期

6-26 镶嵌装饰写字桌。大卫制作，据传是玛丽·安托瓦内特之物。（南肯辛顿博物馆琼斯藏品）

路易十四的宫廷豪奢显赫，十七世纪下半叶法国宫殿的装修聚集了艺术家和技艺精湛的工匠们，这一切产生的影响对其他国家的工艺美术也不无作用。麦考利提到，路易十四国王到荷兰指挥军队对抗荷兰国王威廉三世时，“一捆捆挂毯”和其他装饰品被运往荷兰用作营地的布置。他还提到英王詹姆斯二世被流放，成为路易十四的“宾客”时在圣日耳曼公寓的豪华奢侈的家具陈设。路易十四的豪华排场对同时代人产生了深刻影响，法国与德国、荷兰以及英国的战争使得这种影响更加广泛。我们已经看到克里斯多弗·雷恩爵士是如何模仿凡尔赛宫来设计扩建汉普顿皇宫的。接下来的一章，会看到英国家具设

计家和制作家齐本德尔的设计事实上是路易十五时期法国家具的复制品。被称为“北方狂人”的瑞典国王查理十二世，也效仿伟大的法国君主，在斯德哥尔摩的皇宫装饰和家具上，仍可以见到路易十四风格的痕迹。这样的装饰与当时瑞典皇室秉承的朴素习惯并不相称。

1700年，一位波旁王子继任西班牙国王，马德里的宫殿和画廊里如今仍存有一些属于刚才谈到的三个君主时期的精美法国家具。因此可以推测，从十七世纪后半叶开始的一段时期内，在装饰家具设计上的主要影响都源于法国。

佛兰德、德国、英国和西班牙木匠大量的作品实例可以作为佐证，其中的一些值得一提，且值得仔细研究。这件用玫瑰木制作的壁角柜，镶嵌了带有某位科隆帝侯家族纹章的银质盾牌雕饰；在萨尔斯堡主教院也有一对有些相似的橱柜。这些都是十八世纪早期的德国作品，明显仿照布勒作品的设计。在英国贝思纳尔格林博物馆，可以看到一件镶嵌了象牙和乌木的胡桃木秘书桌，以及其他一些家具，也包括上述的家具样本。可以看出所有这些家具的外形和镀金配件都受到膨隆斗柜和曲线形桌椅流行时期的法国风格的影响。

我们已经较详细地说明了从路易十四时期到法国大革命时期在法国的流行风格以及一些风格变化。鉴于本书只做概要介绍，我们只需提及那些或多或少采纳了法国设计的国家的作品即可，不必仔细深究。话虽如此，但我们本国家具应作例外，其缘由之前已有陈述。下一章会关注十八世纪后半叶一些英国工匠设计制作的家具。至于意大利，大体而言，由“文艺复兴三杰”——拉斐尔、达·芬奇和米开朗琪罗领头的文艺复兴在十六世纪末时就已见衰败之势，到了本章讨论的时代就更为没落了。尽管意大利雕刻的流畅优雅和阿拉伯式嵌饰的精巧很有价值，但十七世纪至十八世纪的意大利作品还是远远比不上文艺复兴早期。

另外还有许多可以参考的博物馆馆藏，可以证明十七世纪以及随后几个世纪法国设计对其他国家的影响。插图 6–27 挪威房屋内景展现了这种影响甚至波及了斯堪的纳维亚半岛。挪威人从早期保留下来的老式箱状床榻，是这个国家的特色家具。如今在很多苏格兰郡县的农舍中，特别是在那些和北欧有过往来的地方，还可以看到比较简陋的这种床榻。图中两把椅子的设计展示了在本国潮流上进行的创新。它们完全是约十七世纪末或十八世纪初的荷兰风格，弯脚和玳瑁装饰很可能直接来自法国设计对荷兰风格的影响。这幅木刻版画插图来自挪威一间旧宅的画作。

6–27 挪威室内装饰。展示了荷兰式设计的椅子。时期：十七世纪晚期或十八世纪早期

在这一章结束之际，我们应当向约翰·琼斯先生的慷慨大度和公益精神致敬。琼斯先生对南肯辛顿博物馆的遗赠本身已经可以组成一个这类装饰家具方面颇有代表性的博物馆。本章的一些插图就来自琼斯藏品。

6–28 秘书桌。西阿拉黄檀木和郁金香木制作，装饰了塞夫勒瓷片和鎏金配件。时期：路易十六早期

琼斯先生的藏品囊括了家具、瓷器、青铜器、艺术品，绝大部分藏品涉及的时代都在本章讨论范围内，仅仅用货币价值来衡量就值约 40 万英镑，远远超过国家曾收到的所有遗赠的价值。虽然讲述这一时期法国家具的内容只有寥寥几页，但会使公众产生兴趣并懂得欣赏这珍贵的国家财产。

这笔慷慨的遗赠收藏于南肯辛顿博物馆，供公众参观，不久后《泰晤士报》刊登了一篇社论。下面这段文字则摘自这篇社论，非常适合作为本章的结束语：“参观者走过这些展示着奇珍异宝的橱窗时，会自问这些杰作在以艺术的名义说些什么。桌子、椅子、斗柜、秘书桌、衣柜、陶瓷花瓶、大理石雕像，它们以独特完整的形式展现了法国大革命前的旧政权的思想和行为。就像艾森（Eisen）【7】的插画，或是不计其数的作家笔下的故事，家具将我们带回了宫廷的优雅、奢侈、漂亮和浮华，

【7】约瑟夫·艾森（Joseph Eisen），法国宫廷画家，以书籍插画设计师而闻名。（译注）

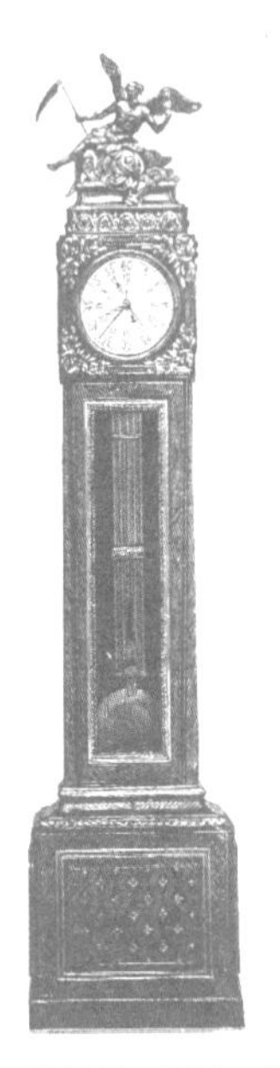

6-29 时钟。罗宾制作，嵌木细工钟壳，铜镀金配件。（南肯辛顿博物馆琼斯藏品）时期：路易十六

宫廷深信自身包含了法国生活中所有最珍贵的东西，直至美梦被粗暴打碎。像玛丽·安托瓦内特的塞夫勒瓷片镶饰小写字桌这样的一件家具，如同巴尔扎克笔下的一个人物，对于社会历史学家而言就是一篇文献，和鱼龙骨之于古生物学家一样揭示了丰富的信息。它概括了一个时代，我们可以从中推断出整个世界。漂亮、雅致、非理性、精致而无用，这样制作精良又昂贵的玩具可以代表被大革命扫除的那种生活。”

6-30 古钢琴（南肯辛顿博物馆永久藏品）。时期：约1750年

第七章 齐本德尔与十八世纪英国家具

7-1 首字母装饰图——齐本德尔式多枝烛台

进入十八世纪下半叶没多久，在乔治二世统治后期和继任者乔治三世漫长统治期的早期，英国装饰家具设计发生了明显的变化。

建筑师、皇家艺术学院会员威廉·钱伯斯爵士为我们留下的萨默塞特宫（Somerset House）是其才华的恒久纪念碑。他似乎是第一个采用我们所说的“中式风格”进行室内装修的人，这是爵士游历中国的成果——我们在“东方国家的家具”那一章中提到过他的这趟行程。大约此时他被视为“品位的先知”，而具有十分强大的影响力。因此，中式和日式风格回纹设计中的那种独特的不规则栅格装饰便出现在了英国椅子的椅背上；亭台、中国人物和怪物形象也出现在他的橱柜设计里。在此之前壁炉架的设计均带有几分建筑式的浮夸，现在却让位于因玻璃板制造工艺改进而出现的大面镜子；壁炉台则变得矮了一些。钱伯斯在意大利旅行期间物色了一些意大利雕塑家，并把他们带回英国，让他们用大理石雕刻来呈现自己的设计；这些设计大都具有意大利作品那种无拘无束的特征，融入卷草纹和形象装饰。不过由于它们不是木制品而是石雕，所以并非本书讨论范围——除却展示壁炉台的风格变迁（关于壁炉台经历的沧桑变化前文也有提到）这个作用。此时壁炉台不再作为室内装潢的一部分由建筑师专门设计，而是连带炉箅子一同制造并整体售卖，以投买家所好，往往并不顾及是否与所装饰的房间相配。可以说尊贵庄严已让位于优雅美观。

罗伯特·亚当自法国和意大利旅行返回后，约1769年与其兄詹姆斯协力设计和建造了阿德尔菲排屋（Adelphi Terrace），随后是波特兰广场（Portland Place）以及特征相似的其他街道、房屋；罗伯特指导制作了家具，使之与室内装潢相配套。波特兰广场25号格外有意思，因为这是罗伯特·亚当的私宅，由其亲自建造、装修并配备家具，而且幸运的是，几个主要会客室都还保存完好，从中可见当时流行风格。亚当兄弟将涂料制模装饰技术引入了英国的木工艺。这些造型——花彩帐帷、挂在羊头上的花环、下方系着缎带花结的玉米壳结造花环，以及用椭圆形凹脐浅盘【1】分隔装饰带或强调设计图案中断之处的做法——这些都属于我们所称“亚当式”风格的装饰特点。

罗伯特·亚当在1778–1822年之间出版了一套三卷大部头的《亚当兄弟建筑作品集》（*Works in Architecture of Robert and James Adam*），其中一卷专门献给任命他为宫廷总建筑师的乔治三世。他的许多家具设计都由吉娄公司（Gillows）制作；位于林肯因河广场的约翰·索恩爵士博物馆（Sir John Soane's Museum）里收藏着一批很不错的罗伯特·亚当图稿原件。

其装饰风格基本以浅浮雕为主，饰有带凹槽的半露方柱，有时嵌板上带有略显僵硬的文艺复兴风格装饰；其效果简洁朴素，与此前的洛可可风格相比有着显著差异。

家具设计也得以改良，以配合这样的装修风格。餐边柜的正面轮廓为直线，也有不少为曲面，桌腿为上粗下细的方锥形，柜顶放有一对瓮形刀匣；用材几乎总是桃花心木，通常镶嵌着简单的凹槽，以椴木制成的扇形装饰或椭圆形凹脐浅盘来衬托。

报酬丰厚的工作机会将意大利装饰艺术家米开朗琪罗·佩尔戈莱西（Michel Angelo Pergolesi）【2】、意大利画家和雕刻家吉奥万尼·巴蒂斯塔·西普利亚尼（Giovanni Battista Cipriani）以及奥地利新古典主义画家安杰利卡·考夫曼（Angelica Kauffmann）吸引到了英国。天花板嵌板和墙面嵌板经过亚当的“涂料制模技术”（这实际上是古老的意大利石膏工艺的复兴）装饰后，又得到这几位艺术家的润色；不仅如此，他们还在装饰橱柜上进行绘画，也偶尔绘饰当时的桌椅。如今在阿德尔菲

7–2 罗伯特·亚当原稿影印复制品（缩小尺寸）

【1】原文为pateræ，也写作patera或phiale，原本是一种没有把手、没有底脚、中心凹陷的祭酒圆盘，后来类似的形状常用于建筑、雕刻装饰。（译注）

【2】怀疑原文在此处和注解[14]的书名中，误把在题注里提到过的佩尔戈莱西（Pergolesi）写成了皮拉尼西（Piranesi）。乔凡尼·巴蒂斯塔·皮拉内西（Giovanni Battista Piranesi）是意大利蚀版画专家、考古专家和建筑师。（译注）

排屋中的几所房屋、艺术俱乐部（the Arts Club）和很多私人宅邸中都还能看到安杰利卡·考夫曼的装饰艺术作品；这些作品有清单列明，可以在弗朗西斯·吉拉德小姐（Frances Gerard）所著并于1892年出版的安杰利卡·考夫曼传记中查到。

临近十八世纪末，椴木自东印度群岛进入英国并变得十分流行，成为英国人最爱的木艺装饰底料。深色木材制成的形象装饰牌上通常描绘着丘比特、森林女神或神话寓言图画，与黄色的椴木形成突出的对比。有些橱柜、写字台或纺锤形桌腿的应时桌通体采用这种木材，除了精心挑选的薄木饰面上美丽的木纹以外没有其他装饰；有时用椴木条拼接郁金香木或染色槭木（harewood，经过人工染色的西克莫槭的别称）制成的木条，或是将椴木涂绘成这种拼接的样式。南肯辛顿博物馆中收藏着一张梳妆台，便是以这种涂绘手法装饰的美丽藏品。

除了钱伯斯以外，大约在这一时期还有其他几位建筑师也从事家具设计，他们几乎已经被人遗忘。亚伯拉罕·斯万（Abraham Swan），在1758年前后很是活跃，插图中展示了他设计的一些准古典主义风格木制壁炉台作品。约翰·卡特（John Carter）出版了《古代雕塑和绘画作品》（*Specimens of Ancient Sculpture and Painting*）；尼古拉斯·雷维特（Nicholas Revitt）和詹姆斯·斯图尔特（James Stewart）于1762年共同出版了《雅典古文物》（*The Antiquities of Athens*）；J. C. 克拉夫特[3]采用亚当式风格进行设计；建筑师W·托马斯（M.S.A.）以及其他人也为我们留下了许多室内装潢图纸，以壁炉台和装饰门梁为主，正如十八世纪末的流行时尚，均有浅浮雕装饰，并带有古典风格的特色。

英国陶艺大师、韦奇伍德瓷器公司的创办者乔赛亚·韦奇伍德（Josiah Wedgwood）也将注意力转向了浮雕瓷片的生产，

【3】原文为J.C. Kraft，疑为让－查尔斯·克拉夫特（Jean Charles Krafft），一位法国建筑师。（译注）

以适应此类壁炉台的需求。他曾经从伦敦写信给自己的生意合伙人托马斯·本特利先生（Thomas Bentley），在信中他严词谴责了当时的建筑师们对这一制造方向表现出的冷淡；不过他自己坚持了下来，并在雕刻家约翰·弗拉克斯曼（John Flaxman）无可匹敌的塑模技术的帮助下，制作了一些装饰瓷片，材质为他独创的美丽碧玉细炻陶，嵌入壁炉台的装饰带及其他木制品中。在南肯辛顿博物馆中可以看到这个时期（1770–1790 年）的一对采用这种方法装饰的底座。

到这里我们应该谈一谈一批英国木工的作品，他们不仅制造生产了大量杰出的家具作品，还出版了许多十分精细且艺术手法颇为高超的设计图。

其中当提的第一人，也是最有名的一个，便是托马斯·齐本德尔（Thomas Chippendale）。据说他出生于英国的伍斯特（Worcester）。他的父亲是一位椅匠，而他似乎是子承父业，经营着坐落于伦敦圣马丁道的一家很大的商铺。圣马丁道那时是重要的艺术中心，离当时刚成立的皇家艺术学院很近。

7–3 英国椴木梳妆台。带有涂绘装饰。时期：十八世纪末

7–4 壁炉台和壁炉饰架。建筑师 W. 托马斯设计，与罗伯特·亚当的作品十分相似。时期：1783 年

齐本德尔出版了《绅士与橱柜制作者指南》(*The Gentleman and Cabinet Maker's Director*),南肯辛顿博物馆馆藏名录的前言中说这本书于1769年出版,但实际上并非如此,真正的出版时间应该还要早几年。笔者藏有的此书第三版显示出版于1762年,第一版则出现在1754年,因此证实了这一点。本书后页的插图中正是第三版《绅士与橱柜制作者指南》的扉页影印件。

7-5 椅子带中式装饰。托马斯·齐本德尔作品。

这本珍贵的参考材料包括超过200幅铜版画,有椅子、沙发、床架、镜框、多枝烛台、落地灯或灯台、梳妆台、橱柜、壁炉台、管风琴、花盆架、玄关桌、壁灯架和其他实用的装饰性器物,本书选取了其中一些范例。从这些版画可以看出,齐本德尔的设计作品与通常被冠以其名的作品存在很大差别。的确,这位工匠看来比任何其他匠人都更有名气,从他书中的设计近来以各种形式被重新出版就能看出;如今他再度流行,而他同时代人的名字却被遗忘。因此,收集旧家具渐成风潮的这近十五或二十年间里,几乎所有被推测为英国制造,而又与普通家用家具稍有不同的橱柜、桌子或是镜框，都为了好听而被冠以“齐本德尔式”的美名。实际上，齐本德尔似乎是在设计中采用了奇异的中式装饰和当时的洛可可风格——前者来自钱伯斯，后者在二十五年后被亚当及同期的工匠那更素净古典的设计所替代。

在有关路易十五和路易十六时代家具的一章中，我们展示了与本章约同一时期法国的时尚如何经历了类似的变化。在齐本德尔的椅子和玄关桌上，在他那堂皇的床架和灯台上，我们能看到与卡菲瑞青铜配件的装饰极其相似的断裂涡卷纹和曲线。路易十六时期法国发生的变革所带来的影响在亚当式装饰手法中也同样明显。在世纪末的革命动荡中，能工巧匠从法国移民至英国，移民潮推进了这一变化。齐本德尔的一些设计被起名为“法式椅”或“膨隆斗柜”——这类作品的各个细节与匹考（Picau）、柯内（Cauner）或尼尔森（Nilson）这几位法国雕塑家的雕刻木制品完全相同（他们设计了路易十五时期的华丽炫目的装饰框架），以至于很可能出现在了同时代法国家具书籍的插图中。其他的设计作品则更具个性。齐本德尔在镜框设计中，加入了一种罕见的鸟类造型，喙长且直，翅膀造型极为奇特；模仿假山和人工流水，搭配以亭台与雨伞的中国人物造型；有时在伊索寓言插图之间点缀涡卷纹与花卉。通过对镜面不均衡的划分，以及使用带雕刻柱头和柱基的锥形柱子，他营造出一种古雅又悦目的效果，非常适合他所属时代的那种偏女性化的时尚，与三角帽、假发、补丁、刺绣背心、齐膝短裤、丝质长袜和珐琅鼻烟壶等极为相配。一些设计中还出现了充满幻想的哥特装饰，对此齐本德尔在书的前言中进行了特别说明，虽然评论家可能会认为设计可实施性很差，但在有顾客要求时他还是会应允承制：

“有些专业人士想方设法把我的设计图纸（特别是那些哥特和中式风格的）全都说成是华而不实的、根本无法以任何手

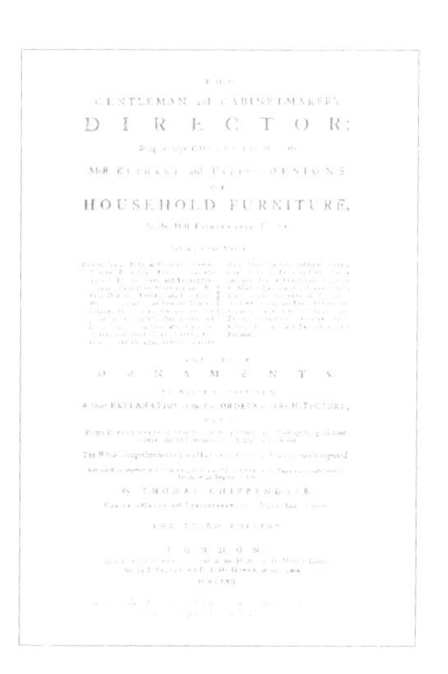
THE
GENTLEMAN and CABINET-MAKER'S
DIRECTOR:
HOUSEHOLD FURNITURE,
ORNAMENTS
By THOMAS CHIPPENDALE
LONDON

7-6 齐本德尔所著《绅士与橱柜制作者指南》一书扉页复制件（缩小尺寸拍摄）。原件为对开本规格。

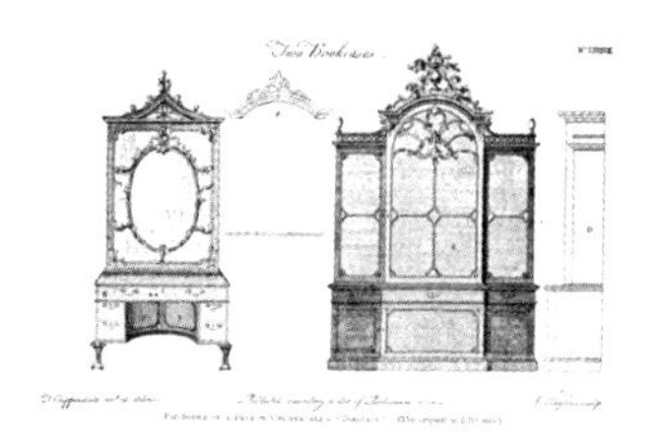
7-7 齐本德尔所著《绅士与橱柜制作者指南》书中某页复制件（原件为对开本规格）。两个书柜。托马斯·齐本德尔绘制，1759 年据国会法案出版，T. 泰勒·斯卡尔普。

艺来实现的画稿。我却会毫不犹豫地把这种评论归结于恶毒、愚昧和无能；我自信能说服所有愿意赏光签下订单的名族绅士及其他客人们，书中每一个设计，无论从其美观装饰方面还是制作工艺方面而言，均可在实现过程中进一步改进提高，而执行者便是——你们最忠实的仆从——托马斯·齐本德尔。”

7-8 法式雕花茶叶罐（出自齐本德尔《绅士与橱柜制作者指南》）

7-9 书桌（出自齐本德尔《绅士与橱柜制作者指南》）

读者可能会注意到，我们从齐本德尔著作中选出来的实例中并没有一般被称为“齐本德尔式”的回纹装饰桌或橱柜。不过，我们知道除了上文讨论过的设计以及准备镀金的设计以外，他也制作桃花心木家具，且在《绅士与橱柜制作者指南》中也有此类椅子、盥洗架、书写台及橱柜的设计图。回纹装饰极少出现，但雕刻装饰通常为卷草纹或菊苣叶涡卷纹；一些橱柜顶部做成中式凉亭造型。一件有充分理由划归为齐本德尔作品的家具，仔细观察，你会发现其工艺精湛，用材常为不带任何镶嵌的桃花心木，花纹丰美，显示出对材料的精挑细选。

7-13 齐本德尔著《绅士与橱柜制作者指南》某页影印件（原件为对开本规格）。豪华床架。（托马斯·齐本德尔绘制，1761 年据国会法案出版，T. 泰勒·斯卡尔普）

7-10 壁炉台和镜子。托马斯·齐本德尔设计，发表于《绅士与橱柜制作者指南》。

7-11 “法式”斗柜和灯台。托马斯·齐本德尔设计，发表于《绅士与橱柜制作者指南》。

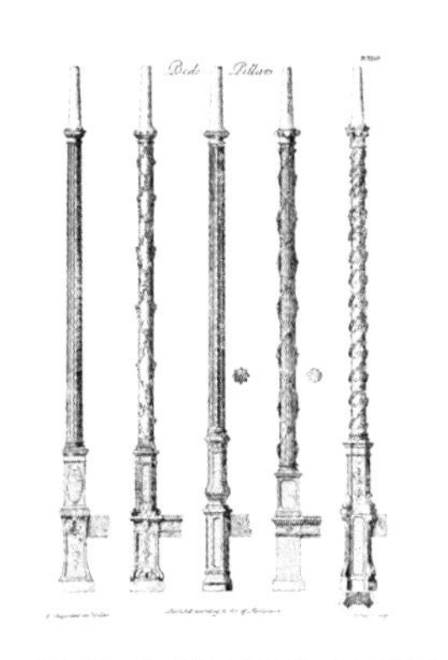

7-12 齐本德尔著《绅士与橱柜制作者指南》某页影印件（原件为对开本规格）。床柱。（托马斯·齐本德尔绘制，据国会法案出版，T. 泰勒·斯卡尔普）

7-14 会客椅。齐本德尔作品。

7-15 钟壳。齐本德尔作品。

齐本德尔及其流派的椅子很有特点。如果将其中一些椅子的椅背轮廓与哈德威克庄园中椅子（插图见 4-23）的软垫靠背相比较，就会发现两者有同样的线条，只不过威廉三世时期椅背框架由丝绸、织毯或其他材料包裹，而齐本德尔的椅子则是镂空雕出奇异的花纹。在装饰更丰富的作品上，设计中的交缠丝带很难说得上是为了配合餐椅原本的用途，不过造型细腻的流畅曲线一定程度上抵消了这个缺陷，况且一把上好的齐本德尔桃花心木椅永远会是家具中的优雅之选。

属于齐本德尔风格最上等作品的，且属于约十八世纪中叶最为优雅的椅子之一，当说是理发师同业公会会馆中的首席座椅。这把椅子以华美西班牙桃花心木雕刻而成，以摩洛哥皮革软包；装饰包括排列有致的涡卷纹和盛满鲜花的丰饶角，还装饰着同业公会的纹章和格言。可惜这把美丽椅子的设计者和制作者都没有确实记录可循，更令人惋惜的是在这件有趣的十八世纪古董上居然以显眼的金字刻上了“1865 年”——工会会馆重新装修的年份。

除了本章已经提到的几本设计书籍以外，还有一部作品发行了两版，日期不明，其中有不少插图都和齐本德尔著作中的相同。该书名为《超过 100 个新兴风雅设计》，均为法国品位家庭家具中最受推崇的设计样式，由软包工和木工协会出品【4】。齐本德尔很可能就是这个协会的会员，其中一些设计正是他的作品。但他更倾向于提高自己的个人声誉，于是割断了自己和这本书的关系而出版了他的专著。至于通常称为“齐本德尔式”的餐边柜其实在他所属的时代几乎没有出现，即便有也是在他事业晚期才出现的。边桌倒是存在过，有时也被称为边柜，但是既不带酒柜也不带碗橱，只是带一个抽屉用来装餐布而已。

谈及齐本德尔的同辈人才，不能不提罗伯特·曼威林

【4】有资料认为上文中提到的《超过 100 个新兴风雅设计》一书其实是《椅匠指南》的四个部分之一。（译注）

（Robert Manwaring）。1766 年他出版了《椅匠指南》[5]，其中包括“超过 200 个新兴风雅设计，装饰性强的与朴素的皆有，均为最受推崇的软垫太师椅、盥洗台、檐口和灯笼外罩等物品的设计样式”。

曼威林设计的椅背样式和同时代设计师的作品很相似，两年前《家具与装饰》（*Furniture and Decoration*）复制了四幅他的设计，只在细节上与本书插图里的英斯和梅休作品略有区别。曼威林也设计过瓷器陈列柜、栅栏、露台以及其他装饰物品。据说他是上文提过的软包工和木工协会的主要会员。

讨论十八世纪英国家具，还应该特别谈谈另外两位专长桃花心木装饰家具的设计师和工匠——威廉·英斯（William Ince）和约翰·梅休（John Mayhew），此二人是工作伙伴，在黄金广场边的伦敦宽街（Broad Street）拥有一间店铺，与齐本德尔同属一个时期。托马斯·谢拉顿（Thomas Sheraton）在 1793 年出版的著作《家具制造和装潢画册》（*Cabinet Maker and Upholsterer's Drawing Book*）前言中提到过英斯和梅休的一本设计图册[6]。本书提供了英斯和梅休所著《木匠的挚友与伙伴》（*The Cabinet Maker's Real Friend and Companion*）中的一些设计实例，从中可明显看出，若无明显商标或无法将某件家具作品按设计师的设计图样进行识别，想要将英斯和梅休的作品与齐本德尔或其他同时期工匠的作品区分开来，是很不容易的。

不过仔细比较齐本德尔和英斯、梅休的作品之后就会发现，后者设计制作的家具显而易见地带有更多现在通常视为指向齐本德尔作品的细节特征和装饰：比如栅格装饰，先由雕刻师傅

【5】有资料认，为上文提到的《超过 100 个新兴风雅设计》一书其实是《椅匠指南》的四个部分之一。（译注）

【6】《民用家具通用体系》（*The Universal System of Household Furniture*），95 铜版印刷，300 幅设计图稿，对开本，未注明出版日期（约 1770 年）。

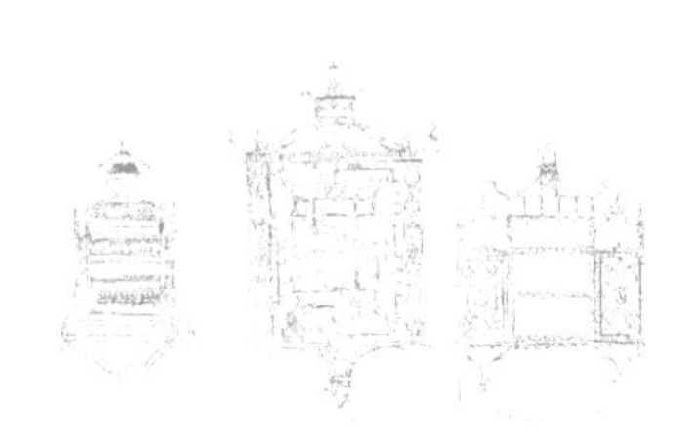

7-16 瓷器架。威廉·英斯设计。（由笔者收藏的一份旧版画影印复制）

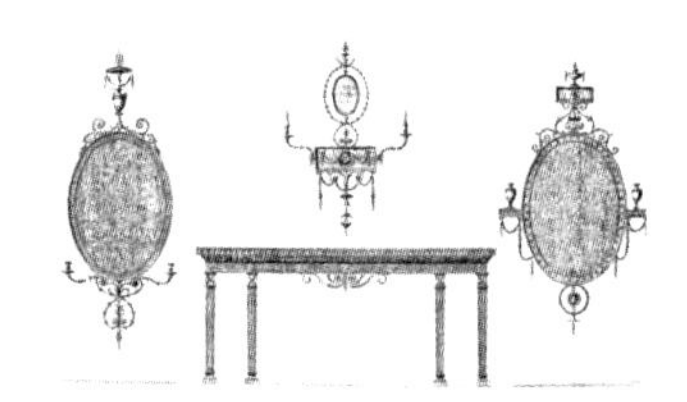

7-17 多枝烛台和窗间装饰桌。建筑师 W. 托马斯设计，1783 年。（从笔者收藏的一份旧版画影印复制）

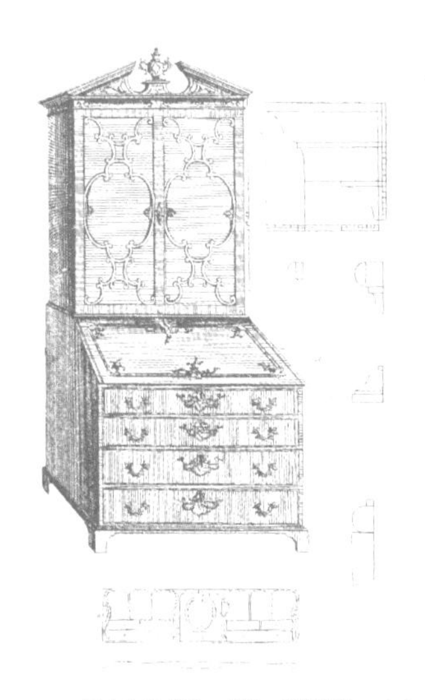

7-18 写字台和书柜。威廉·英斯设计。（由笔者收藏的一份旧版画影印复制）

完成，再安装到未经装饰的桃花心木板材上；再如角柜或瓷器架的镂空涡卷纹形背板；或是雕花中式人物与亭台。英斯和梅休制作的一些壁炉玻璃挡板框和画框，几乎和那些被认定为是齐本德尔作品的框架一模一样。

这一时期其他的知名设计师和制作者还有乔治·赫普怀特（George Hepplewhite），他出版了一本图册，其中的设计与同时代的同行作品很相似；马蒂亚斯·洛克（Matthias Lock），他的一些绘画原稿曾经在 1862 年伦敦世博会上展出[7]，随附的备忘录十分有趣，列出了他所聘用工匠的姓名和相应的酬劳，可以看出，一天五先令在当时对于一个技术娴熟的木雕工匠来说似乎已是颇为丰厚的报酬。

当时还有另外一位出产了大量杰出家具作品的优秀设计师和工匠——托马斯·席勒（Thomas Shearer），然而几乎所有研究家具装饰这一课题的作者都忽视了他。笔者藏有一本旧设计图册，其中的餐边柜、桌子、书架和梳妆台设计稿下方出现了“席勒绘制”和“1788 年据国会法案出版”字样，这些家具在各方面都和与席勒同属一个时代的谢拉顿的作品十分相似。乔治·理查森（George Richardson）和马蒂斯·达利（Matthias Darly）也应该作为这一时代著名家具和装饰细节的设计者而被提及。

笔者有一本赫普怀特的著作（1789 年出版），包括 300 幅设计作品，涵盖了“处于流行最前端且最受欢迎的每一样家庭家具”。我们引用书籍前言的文字，说明当时英国木工家具多么令人重视。

“英国的品位和工艺近年来极受周边国家追捧；而一切事物，特别是时尚的多变使得我们这一行业界前辈的辛劳显得很是无用；不仅如此，今时今日那些外国人想要从各式家庭家具

【7】马蒂亚斯·洛克出版了《窗间装饰镜框、椭圆形饰物、多枝烛台和窗间装饰桌等创新设计》（*A new book of pier frames, ovals, girandoles, tables, etc.*），八开本印刷，出版时间 1769 年。

中了解英国时尚，恐怕得到的只是误导罢了。”

令人想来莞尔的是，“时尚的多变”曾那么迅速地让他的许多设计变得过时。

本书选取了他书中的一些设计图，把它们与同时代其他设计者的设计放在一起做比较会很有用处。从齐本德尔的洛可可风格到谢拉顿的肃穆线条的演进过程可以看出，赫普怀特是承上启下的一环。

其中一些设计的名称十分有趣，比如：

“鲁德梳妆台或反照式梳妆台”，鲁德这个名字来自当时一位家喻户晓的人物，这种梳妆台就是为她发明的。【8】

“刀匣”，用于收纳刀具并装点餐边柜。

“卡布里奥椅（cabriole chair）”，那时指的是椅背带软垫的椅子，而并非现在语义里指的椅脚弯曲的椅子。

“长背沙发（bar backed sofa）”，就是我们现在所说的三人或四人长靠背椅，如几把椅子相连，且左右两边各有一个扶手。

当时叫“藏书架（library case）”，而不用书柜（bookcase）这个词。

“闺中密友（Confidante）”和“公爵夫人（Duchesse）”那时的意思是沙发。

赫普怀特有一项招牌绝活，他在书中对此有所提及并提供了几幅设计图。这即是他的“日本漆家具”，也称为彩绘家具。木材表面按照中式或日式漆器制作工序覆盖一层基底，然后进行装饰，通常在黑色背景上用金漆勾描，图案为水果和花朵，也有以西普利亚尼和安杰利卡·考夫曼风格绘制的装饰牌。后来，这类风格的家具不再使用日本漆手法来涂漆，而仅用白漆。我们现在看到的那个时期的椅子，其中很多木质低劣，几乎不

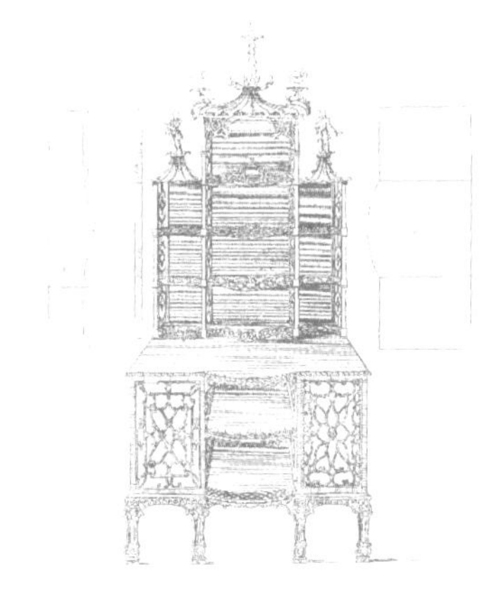

7-19 瓷器陈列柜。约翰·梅休设计。（由笔者收藏的一份旧版画影印复制）

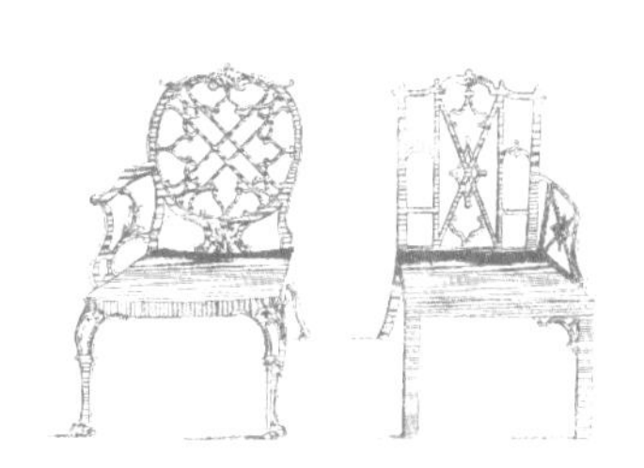

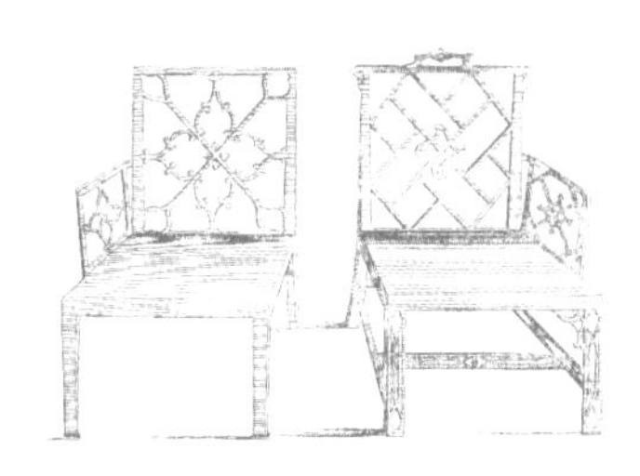

7-20 “梳妆椅”。约翰·梅休设计，显示出威廉·钱伯斯爵士的中式风格的影响。

【8】一种带有多个抽屉的梳妆台，中间的抽屉配有衬着桌面呢的可抽拉写字板，两侧抽屉配有盖的盒子和可自由调整角度的桌子。鲁德的全名是玛格丽特·凯洛琳·鲁德（Margaret Caroline Rudd），是一个臭名昭著的债券伪造者和骗子，受害者众多。（译注）

带任何装饰，很可能原本就是用这种工艺装饰的，因此上面没有雕刻装饰的痕迹，因为雕刻本身就是多余的。装饰部分破损且部分毁坏后，漆面日久而遭磨损，很可能正是装饰部分剥落的主要原因，然后这些家具又被染色抛光，最后呈现的模样实难公正地展现当年设计师和工匠的水平。

赫普怀特的一些椅子，就像谢拉顿的椅子作品一样，也许会让人感到能看到当时两个流行派系——“宫廷式”和“亲王式”争斗的证据。著名的威尔士亲王羽毛标记是“亲王式”椅背的装饰性支撑，且十分明显。另一个引人注意的装饰元素则是盾形椅背上的麦穗雕花。

为了展现那个时代的时尚，本书安排了一幅插图 7-21“展示家具如何恰当摆放的房间布局图”。餐边柜上方挂着的大镜子显示当时的人们已经习惯使用这样的镜子，三四十年后这类镜子变成了餐边柜的一部分。在我们见过的一些大型且较浮夸的设计中，餐边柜不过就是一个镜托，用来摆放镜框雕花华美的巨大镜子罢了。

餐桌是我们全副家当中的重要一员[9]，在这个时期餐桌

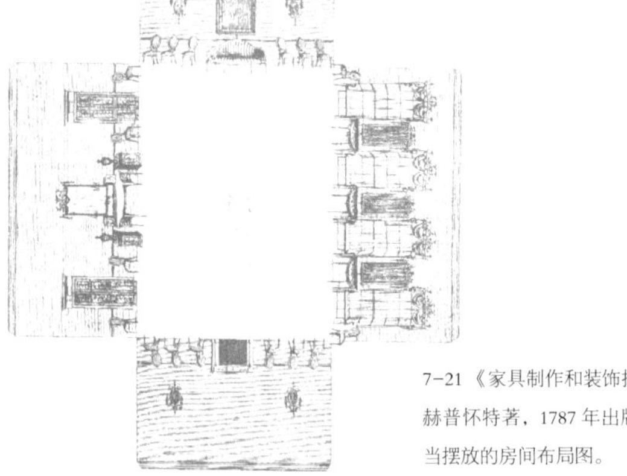

7-21《家具制作和装饰指南》的书页复印件，赫普怀特著，1787 年出版，展示家具如何恰当摆放的房间布局图。

【9】原文为lares and penates，意为拉雷斯和佩纳特斯，古罗马的家宅神，这里指传家宝或家当。（译注）

也产生了一定的变化，因此也该略谈一谈。柱爪桌（pillar and claw table）这个称呼当时就有，如今仍然沿用。这种桌子在十八世纪末流行起来，它由圆形或方形的桌面和一根垂直支撑桌面的圆柱桌腿组成，桌腿基座有三只（有时四只）雕成脚爪形状的底足。当需要扩张桌面以招待多名客人时，可将好几张柱爪桌摆在一起；分开摆放时，可充当窗间装饰桌或边桌。这样的桌子——其中拼桌时摆在两端的桌子形状为半圆——还能在我们的一些旧旅馆里见到[10]。

直到1800年，伦敦牛津街上著名的吉娄公司的当家人理查德·吉娄（Richard Gillow）才发明了方便的伸缩套叠装置，并申请了专利。这种装置在稍加改进后便有了我们如今用的桌子。拍卖师至今仍然使用“一套餐桌”来描述现代的可调节餐桌，很可能就是旧时宴会布置留下的习惯叫法。吉娄的专利被描述为“改进餐桌和其他桌子构造的新方式，目的在于减少桌腿、柱和爪的数量，且使人能方便地扩大和缩小桌面”。

这个闻名遐迩的家具制造公司作为联结现在与过去的纽带，也许对它做个简单介绍会对读者很有用处。为此笔者要感谢当今吉娄公司的合伙人之一克拉克先生（Mr. Clarke）。“我们自1724年起就有未间断的账目记录，然而公司早在那之前就存在了，所有的记录都在1745年的苏格兰叛乱中毁掉了。公司初建于当时还是北方主要港口的兰卡斯特，那时还没有利物浦。吉娄公司主要向西印度群岛出口家具并换取朗姆酒进口国内，公司拥有准许这一交易特权的特许令。伦敦公司1765年开业，很长一段时间兰卡斯特的账册中都带有‘挺进伦敦’的信头和题词。如今闻名于世的牛津街办公室建筑设计稿上出现的文字是‘此处通向阿克斯布里奇（Uxbridge）’。”笔者若干年前有幸见过吉娄博士，即我们提过的理查德·吉娄的第十三

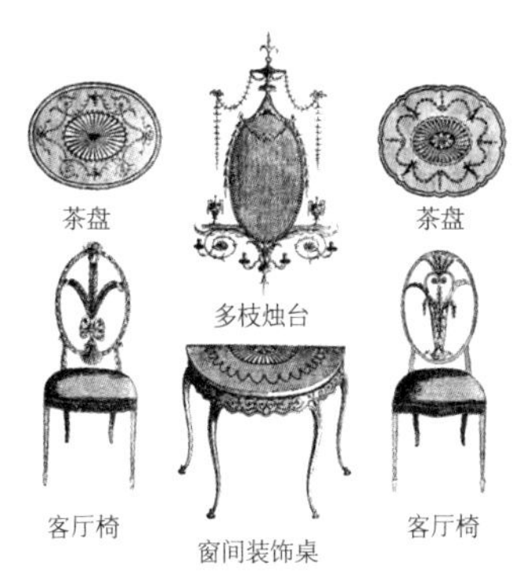

7-22 家具（设计出自1787年赫普怀特出版的《家具制作和装饰指南》）

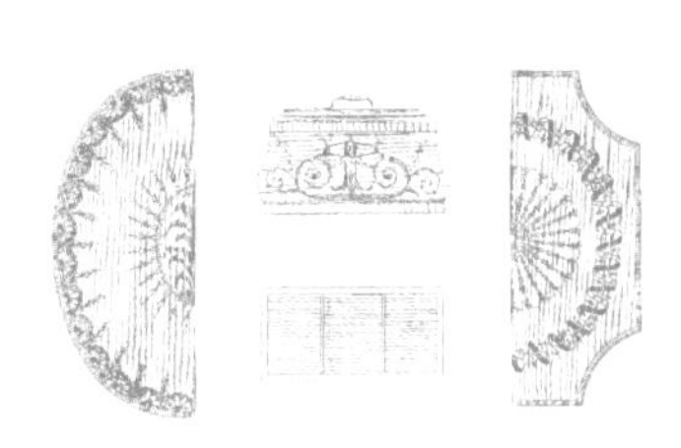
7-23 镶饰茶叶罐和窗间装饰桌桌面（选自赫普怀特的《家具制作和装饰指南》）

【10】书籍出版经销同业公会会所中的议事厅内就保存着这样一套精美的柱爪桌。

个孩子，他提供的信息进一步补充了克拉克先生的介绍。据他说，理查德·吉娄 1830 年退休，1866 年以 90 岁高龄去世。霍兰德父子公司（Holland and Sons）的创始人约翰·道比金（John Dowbiggin）曾经是理查德·吉娄的学徒。

桃花心木可以说是 1720 年之后开始广泛使用的。据说开始使用这种木材要归功于一位博士执拗的建议——他的妻子想要一个蜡烛盒，这本是当时常见的一件家宅器物。这位博士在西印度群岛做船长的兄弟送给他一些桃花心木板材，木材存放在他位于考文特花园国王街的住宅花园里。博士要求木工用这样一块木板来制作蜡烛盒，然而这种木材对于当时的工具来说过于坚硬。可是博士不愿放弃，他坚持要人去找来更坚硬的制作工具，完成了这项工作；结果做出来的蜡烛盒人人都夸赞。于是他又定制了同样材质的书桌，完成后他邀请了朋友来观赏新作；大家都向博士求取这种珍贵木头的小木片，其中也有白金汉公爵夫人，于是桃花心木很快便形成了风潮。由于韧性好、纹理独特，它能够承受橡木无法承受的造型处理，上油和打磨处理（而非后来发明的法式抛光漆）后产生的高度抛光感更令人们对它趋之若鹜。“桃花心木聚友人”[11]的说法大概就是在这个时候出现的。

7-24 带容膝空当的桌子。谢拉顿作品。

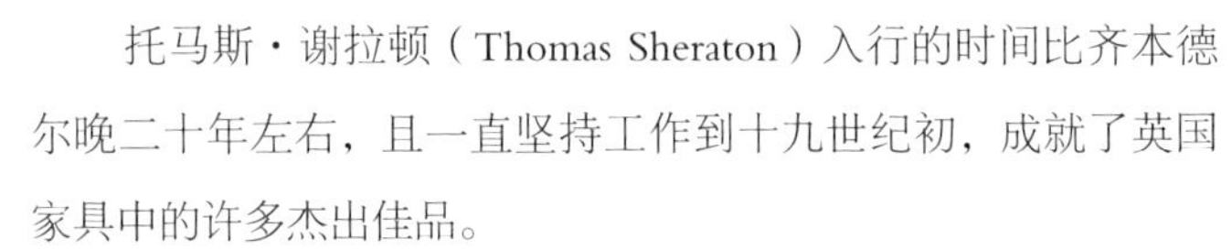

托马斯·谢拉顿（Thomas Sheraton）入行的时间比齐本德尔晚二十年左右，且一直坚持工作到十九世纪初，成就了英国家具中的许多杰出佳品。

此时的潮流已经转向，本以石贝为主的洛可可装饰风光不再[12]，取而代之的是一种更为简洁朴素的风格。于是在谢拉顿的橱柜、椅子、写字台和应时家具作品中，不再见到弯脚或

【11】原文为 putting one's knees under a friend's mahogany，表面意思为把某人的膝盖放到朋友的桃花心木下面；也有用腿（legs）来替换膝盖（knees）的用法。（译注）

【12】洛可可（rococo）由 rocaille 和 coquille 这两个词组合而成，rocaille 意为混合贝壳与小石子制成的室内装饰物，而 coquille 则是贝壳的意思。（译注）

雕刻装饰，而是上粗下细的方锥形腿、简朴的线条和素净的装饰，就如同在亚当兄弟的作品里——为波特兰广场等类似房屋所设计的家具一样。谢拉顿进行装饰时几乎完全依赖自己的嵌木细工手艺，其中一些十分繁复细腻，工艺精湛。他偶尔会在涡卷纹中加入四肢为叶形装饰的动物形象，有时也会镶嵌细木拼镶的乐器战利品图案；不过装饰图案通常放置在鲜花、玉米壳或帘幔制成的圈环中，且严格符合上文提到的装饰原则。谢拉顿橱柜作品特点之一是檐口上方的鹅颈三角楣饰，那是女王安妮一世时期曾流行过的一种装饰的复兴。当时这种楣饰以石材、大理石或砖雕为主，后来在镶嵌木制品中流行起来。

7-25 椅子。谢拉顿的作品。

谢拉顿显然属于在他那个时代受过良好教育的人，是否自学成才则说不准；但是一看他书中技巧娴熟的画稿和他对透视图的详细却难免啰唆的标注，便知道此人是了不起的绘图师，而且掌握全面的几何知识。在他无数家具、装饰品设计中，很多图稿的几何精确度都达到了工程师或建筑师的绘图标准。他还绘制了五大古典建筑柱式中每个式样的立面图、平面图和细节图。

7-26 瓷器陈列柜和带有可收放写字板的书柜。谢拉顿设计，发表于1793年出版的《家具制造和装潢画册》。

谢拉顿晚期作品比较适合在下一章我们讨论法国大革命的影响，以及“帝政式”家具在英国如何体现时使用；我们选中作为本章插图的设计稿并非来自他的晚期作品。他于1793年出版了《家具制造和装潢画册》（*The Cabinet Maker and Upholsterer's Drawing Book*），书籍订阅者的名单和地址收录其中，这对研究谢拉顿时代的家具帮助良多【13】。名单中有许多贵族顾客，以及至少450位橱柜工匠、椅匠、雕刻师，除此之外还有羽管键琴制作师、乐器匠人、软包师以及其他类似行业工匠的姓名和地址。我们还从中找到了一些公司的名称，从这

【13】亚当和查尔斯·布莱克出版社（A. and C. Black）的高级合伙人、麦考利大人（Lord Macaulay）在国会中的同事，已故的亚当·布莱克（Adam Black）先生在年轻时曾协助谢拉顿出版该书，当时这位著名的家居设计师处境堪怜。

些公司承接的制作任务可以推测，他们的产品优质且名望甚高，堪称行业的领头羊；然而那些大概是不愿意被“印成铅字”，或是没有品牌或商标赋予自己产品认知度的公司，在同辈他人仍然闻名卓著的时候就湮没在了人们的记忆里。这份清单中还列着一些姓名，他们很可能曾经营著名老店多年而此时恐怕却已再难忆起，而齐本德尔、谢拉顿或赫普怀特的名字却是质量堪疑的家具的通行证。让我们略具这部分姓名中的几例：弗朗斯（France），御用木匠，店铺在伦敦圣马丁道；查尔斯·艾略特（Charles Elliott），御用软包师，约克公爵的木工，店铺在伦敦邦德大街；坎贝尔（Campbell）父子，威尔士亲王的木工，店铺在伦敦马里波恩路。除了这些承接御造任务的工匠以外，还有其他装饰家具制作者：托马斯·约翰森（Thomas Johnson）；科普兰（Copeland）；罗伯特·戴维（Robert Davy）；尼古拉·科雷（Nicholas Collet），一位定居英国的法国雕刻师，以及很多其他人。

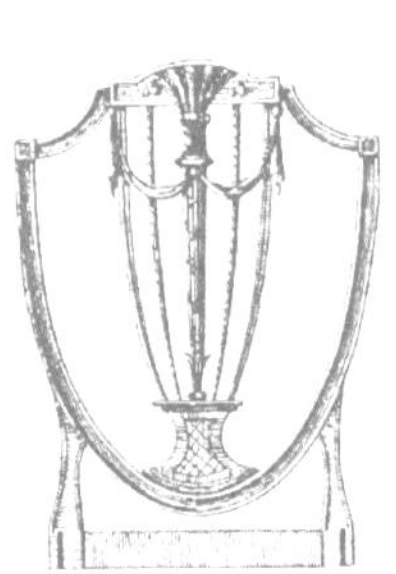

7-27 椅背（选自谢拉顿《家具制造和装潢画册》）

约翰·亨格福德·波伦先生有一部篇幅颇巨的关于家具、木制品的研究著作，其中包含一份南肯辛顿博物馆多种藏品的目录。这部著作中有一份列着各种艺术家和工匠名字的清单，他们作为设计师或制作者参与支持了艺术家具的生产，笔者感到这份清单颇有助益。本书的附录中抄录了清单内容，并加上了波伦先生遗漏的几个名字（特别是法国流派的），希望对读者参阅也有帮助。

出于对英国十八世纪下半叶本土家具制造流行时尚的重视，本章显得略长了一些——虽然如此，为了交代那个时代英国家具的更多细节，还请允许在本章结尾时对“餐边柜”简要地谈上一二。

这个重要的民用家具在外观和流行上的改变是十分有趣的，为了讲述清晰我们需要稍做回顾。法语词“饮食柜台”（buffet）有时在英文中译作“边柜”（sideboard），用以描述十五、十六世纪的欧陆风格家具，而非我们所说的餐边柜。我们所称的边柜是威廉三世引入英国的，南肯辛顿博物馆中有一件品相良好的作品，在介绍这一时期家具的第四章有它的图片。

约翰·弥尔顿发表于1671年的《复乐园》（*Paradise Regained*）中出现了“豪华餐具柜”（stately sideboard）这个说法；而约翰·德莱顿在1693年翻译出版的《尤维纳利斯》中，在对比古典时期的家具和他所处时代的家具时这样说：

“那时没有安装镀金板装饰片的边柜。”

那时候流行房间内设置多个对称的门，即设置假门以对应用来进出的门。在波特兰广场附近的许多旧宅中，特别是圣詹姆斯宫和肯辛顿宫中，还能找到这样布置的房间。这种布局允许我们的上辈人可以有合适的碗橱来储存酒杯、碗碟和酒。然而，十八世纪中叶之后，这种额外的假门和门后的碗橱渐渐消失了；在桃花心木边桌开始流行后没有多久，人们开始习惯用独立的落地橱搭配放在边桌两侧（来代替碗橱），一个用来摆放热菜，另一个摆放酒。边桌纤细的桌腿带给桌子颇为修长的观感，同时搭配的“存酒架”（garde de vin）或红酒柜的形状为椭圆形的桶，桃花心木制成，配以黄铜箍条，有时为了方便柜脚还会加上小轮，整体作为葡萄酒冰镇器来使用。一对桃花心木瓮形瓶放在落地橱上，一个用来装仆人清洗刀叉勺子所需的热水——那时这些餐具数量很有限，比现在要贵重许多；另一个用来装客人们喝的冰水。读者若想彻底明白此种设置安排，可参看插图7-21。

边桌背后有一根黄铜挡杆，配有带装饰的支柱和蜡烛支架，这根挡杆既是为了装饰家具，也是为了支撑一对考究的餐刀餐勺匣——餐具匣是那个时代绅士餐边柜的一部分配套设施。所以现代的餐边柜看上去就是将这些分开的器物融合成为一件家具——结合各有先后且方式不一，首先是落地柜与桌子结合，产生了我们的“带柜边桌”；然后镜子和背部相连，酒架成为柜子内部陈设的一部分；刀匣和水瓮被彻底摒弃，被逐入古玩爱好者的天地，或是转变为酒盒及文具盒。雕花多且颇为精美的酒水柜理所当然地接替了谢拉顿时代的简朴酒架。

在我们结束这一时期“餐厅”家具的讨论之前，也许我们的一些读者会有兴趣了解，直到1755年《约翰逊字典》第一版出版之前，我们的语言词汇里还找不到“餐厅”这个词来表达现今的含义。1580年出版的约翰·巴雷（John Baret）的《蜂巢字典》（*An Alvearie*，一本英、法、拉丁语字典）中，“会客厅（parloir）”或“谈话室（parler）”被解释为“用来进餐的地方”。而后，1617年出版的《明舒语言学习指南》（*Minsheu's Guide unto Tongues*）则将之定义为“用来享用晚餐或饮宴的内室”，而约翰逊的释义是“房屋内部位于一层的房间，陈设优雅，用于招待或娱乐”。

本章讨论了十八世纪下半叶的英国家具，小巧古雅的“水瓮架”正属于这个时期，它用来摆放盛放热水的水瓮，而茶壶则摆放在架顶下方伸出的一个小滑板上。那时候茶是昂贵的奢侈品，水瓮架也依照流行风潮进行镶嵌装饰。水瓮架和旧式桃花心木或嵌木细工茶叶罐有时是相当精巧费工的器物，现在它们则成为讲究的昔日文物。有一个齐本德尔设计的茶叶罐（插图7-8），另有一个赫普怀特的茶叶罐。罐内配有两个（有时是三个）茶叶瓶来分装红茶和绿茶，有时也用银质或巴特西珐琅的茶叶盒进行分装；这种设计精巧的茶叶罐如果成色甚好，往往售价极高。

这个时期的“葡萄酒桌”也值得一提。现在这种桌子已很少见，只有在几处旧宅和牛津剑桥的一些学院里还找得到。酒桌带有可旋转的桌面，桌面上车出浅浅圆形内凹供一个个酒杯分别摆放，有些酒桌的造型为半环形。此类半环形葡萄酒桌是专为摆放在火炉前而设计的，桌外侧为适合社交的环形，宾主们宴毕离席后便会围坐在这样的酒桌旁边。

7-28 餐边柜。桃花心木为底，镶嵌椴木。罗伯特·亚当风格。

7-29 梳妆镜和水瓮架

格雷律师学院大厅里就有这样一张旧桌子，笔者得知另有一张与此相同的桌子由于损坏已被运走。此类桌子几乎都是用优质桃花心木制成，桌腿装饰因场合不同而繁简不一。

十八世纪英国家具的一个显著特点是对秘密抽屉和藏匿文件或珍贵物品的装置的偏好；在古董秘书桌和写字台中我们看到了大量的巧妙设计，令我们想起在银行只有几家时，自己保管钱财物品的日子。

读者若想仔细研究本章所讨论的英国家具，可参阅约翰·阿尔达姆·希顿先生（John Aldam Heaton）编辑、邦珀斯先生（Bumpus）节选出版的一本极为详尽全面的著作——《十八世纪英国的家居装潢，配有齐本德尔、亚当、乔治·理查森、赫普怀特、谢拉顿、佩尔戈莱西和其他大师最精选作品的影印复制图片》【14】（*Furniture and Decoration in England during the 18th Century, being facsimile reproductions of the choicest examples from the works of Chippendale, Adam, G. Richardson, Hepplewhite, Sheraton, Piranesi, and others*）。

7-30 雕花花盆架。齐本德尔作品。

【14】同注解【2】。（译注）

第八章　十九世纪上半叶欧洲家具

8-1 首字母装饰图——帝政式三角桌

帝政式家具

一个国家的历史上总会有一些引人注目的重大危机发生，1792年爆发的法国大革命当属于此。无论是考量宗教、政治还是一个民族的风俗习惯对住宅装饰风格变化所产生的影响，这次事件都具有十分重要的意义。我们不必详述事件本身或其显而易见的后果。除了逃离国家的人财产被充公外，与艺术作品有关的一切都变得混乱。

不过，有一件事应该要铭记于心——在法国这段社会混乱无序的日子里，国民公会颇有远见卓识地任命了一个委员会。委员会由来自不同艺术领域的能人组成，他们决定国家财产中的哪些艺术作品应该出售，哪些有足够的历史价值可以作为国家收藏品予以保留。我们在第六章“路易十六式家具”一节中提到过其作品的著名工匠里厄泽纳，以及同时期的著名画家大卫，都在此委员会任职，二人当时一定是其中的重要成员。

1790年法国大革命一触即发的前夕，就有一位法国民主派作家在《艺术》杂志上撰文称：“我们改变了一切。如今，自由在法国得以巩固，自由还原了古物的纯粹风格！向你的嵌木细工和布勒风格，向你的缎带装饰、垂花雕饰和青铜镀金圆花饰告别吧，装饰物品必须与环境相适应的时刻已经到来。”这段文字后来被法克博士的德语著作《房屋艺术》的美国译者C. 珀金斯先生所引述，让我们了解到了大革命时代家具风格产生巨大变化的基调。

因此可以毫不夸张地说，当时的设计受到政治和哲学的影响。我们可以看到这时期的家具中，椅子和长榻借鉴的是古希腊样式，女士工作桌也和古图中的祭坛有几分相似，传统造型的三脚祭坛则是流行的支架样式。配件刻画的图案有中间捆扎着斧头的古罗马式束棒，有顶上挑着弗里吉亚自由之帽的长矛比武战利品，有象征自由的长着翅膀的人物，还有呈贝雕奖章状排列的戴头盔的古代战士头像。

1794年，罗伯斯庇尔被处决后，革命法庭也被撤销，督政府随之建立。接着，拿破仑·波拿巴在意大利大获全胜，两年后又完成了对叙利亚和埃及的著名远征，随后他于1799年宣告成为“第一执政”，1802年又由“第一执政”变为“终身执政”。

我们只需看看这位伟大战士的肖像，看看那画中描绘的月桂叶皇冠和其他古罗马帝制的象征，就能明白他饱含的野心：他在一定程度上是把恺撒作为榜样的，渴望着去复兴恺撒时代的种种辉煌显赫和整体环境。他在大革命的灰烬上与他身边的新帮手合作，建立了新的社会体制，并且以极富活力的性格影响着他们所有人；而在这个过程中也能看得出，他渴望将自己强大而又坚决的个人主义烙印在新秩序上，以此来标志他的胜利。

1810年拿破仑为新婚妻子玛丽·露易丝设计定做的橱柜是绝好的拿破仑时代的家具样本。用来制作这类家具的木材几乎总是上等桃花心木，这种木材的颜色是家具装饰青铜镀金配件极好的底色。插图8-2展示了这些配件，全都具有古典特征。虽然这件橱柜的外轮廓线或形状并无特别优雅之处，但有一股独特的尊贵与庄重气息，而金属装饰的精美雕镂镀金和优质西班牙桃花心木的上好色泽和纹理减轻了压迫感。这件橱柜和另外数件装饰样式差不多的拿破仑时代家具，仍然可以在枫丹白露宫看到。

8-2 青铜镀金配件装饰的桃花心木橱柜。拿破仑一世在1810年婚礼上赠送给妻子玛丽·露易丝的礼物。时期：拿破仑一世

至于写字台和桌子，这类家具的常见装饰就是桃花心木支柱，柱顶和底座是青铜制的（青铜为全部镀金、部分镀金或纯青铜），外形则是长着兽足的斯芬克斯首。蜗形腿台桌由狮身人面兽和狮身鹰首兽形的支柱支撑。枝形烛台和墙面蜡烛托架，则饰有带翅膀的女性形象，造型僵硬，姿态也不自然，但几乎都采用了上好的材料，做工也很精细。

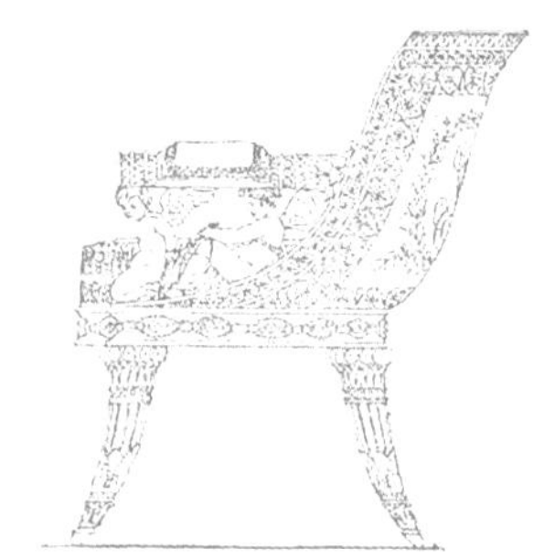

8-3 雕花镀金装饰矮凳；桃花心木扶手椅。青铜镀金配件装饰。时期：拿破仑一世

橱柜横饰带镶板或时钟大理石底座上装饰的金属浮雕，或再现古意大利珠宝和火漆模子上的神话题材，或是表现帝王的战争——在这些战争场景中，拿破仑被描绘成罗马将领的样子。在滑铁卢战役终结这个昙花一现的强权之前，人们在几年内制造了大量装饰性家具，以填补大革命留下的巨大空缺。

关于“帝政式家具”的最权威资料之一，是拿破仑的两位御用建筑师皮谢尔（Percier）和封丹（Fontaine）于1809年出版的设计书。这本书作为参考资料更具有价值，因为事实上书中描述的每个设计都真正地实现了，而不是像很多其他这类书籍一样只是呈现出想法。在该书的序言中，作者谦逊地表示感谢，书中再现的各种装饰设计所参照的古文物，其原件还残缺不全地保存在梵蒂冈博物馆中。

插图8-3中的扶手椅、脚凳，以及作为本章开篇首字母装饰的三角桌，就很好地体现了这种镶嵌华丽、装饰丰富的风格。尽管它们没有摆脱呆板与约束感——这和家具运用传统设计是密不可分的，但这些家具中桃花心木饱满的色泽，青铜配件的精磨和精镀，以及包覆家具的昂贵丝绸，都使得它们独具魅力，自有其本身的价值。

但是，同类风格的普通家具则没有这些装饰配件，很是呆板、难看、令人不适，还似乎令我们回想起法国历史上的一段时期——那时政治和社会动乱使热爱艺术和享乐的法国人无法心安，使得他们无法专注工作。这里我们或许可以提一提，为了满足近期出现的对最好的“帝政式”家具的需求（主要源于纽约，但在英国也多少有一些），法国商人尽数收购了一些未装饰的旧家具。这些商人用精美的旧式图案模子铸成的青铜镀金配件装饰旧家具，作为这时期的豪华家具原件出售。

8-4 纳尔逊之椅（出自谢拉顿的设计著作，1806年10月）

这时期的荷兰家具，可以看出有拿破仑风格的影子——革命者古典主义的延续。很多嵌木细工写字台、桌子、椅子和类似的物件，都装配了动物的头和脚的形象或是狮子头和狮身人

面像，这些设计不可能来自古典主义之外的其他风格。家具的总体设计不再有向外膨隆的形状，而变得方正和朴素。不管路易十四后期的设计风格和路易十五的风格有多么难以分辨，督政府新时期和帝国风格是可以肯定的。它们带有远征埃及和叙利亚时期的鲜明烙印，比如都饰有令人眼熟的朴素的罗马字母“N”，由桂冠环绕着，或是频频引领法国军团获得大捷的帝国雄鹰。

有趣的是，尽管英国人对拿破仑讨厌至极，却又喜欢其统治时期最流行的法国家具的设计风格。

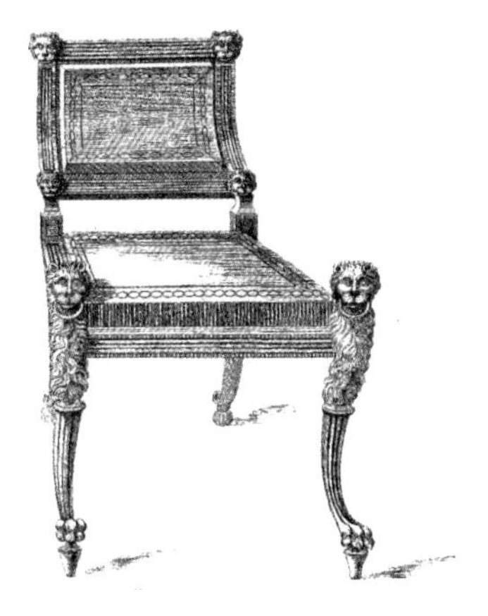

8-5 客厅椅（出自谢拉顿的设计著作，1804年4月）

因此，在谢拉顿《家具制造和装潢画册》一书中，可以看到法国上下受到了玛丽·安托瓦内特的影响，兴起了复古风潮，家具的线条变得更为平直和简洁，这种改变被谢拉顿、席勒和其他本世纪末的英国设计师所采用。但如果翻看谢拉顿后期（1804–1806年）的设计图，我们可以看到僵硬的人物形象和动物头、足全被纳入设计中，这一点从这张“客厅椅”插图中就可见一斑，这些明显的标志特征展现出了法兰西“帝政式”风格的影响。法国和英国作品的主要差异是：法国帝政式家具中出色的金属工艺弥补了它的沉闷和丑陋，而这正是英国家具所缺少的。我们（英国）向来不擅长青铜工艺，通常都是木刻装饰，镀上金色或是染上青铜绿色。如果要使用金属，则用黄铜，经雕刻工铸造和打磨，但比法国作品要粗笨得多。因此，十九世纪早期的英国家具呆板、笨重、沉闷，与同时期的法国家具一样不够优雅，也没有精美的配件以弥补不足，又没有拿破仑一世式家具所具有的独创与个性。

8-6 客厅椅（出自谢拉顿的设计著作，1804年4月）

然而，吉娄（我们在上一章提到过他的早期作品）在这时期制作了一些极好的家具，虽然或多或少地追随了当时的潮流风格，但是设计更为合理。他用玫瑰木和桃花心木制作的桌子、椅子、橱柜和餐具柜，镶嵌了涡卷纹图案和黄铜扁线条，装配了黄铜制的把手和支脚（通常做成狮头和狮爪形状），为这时

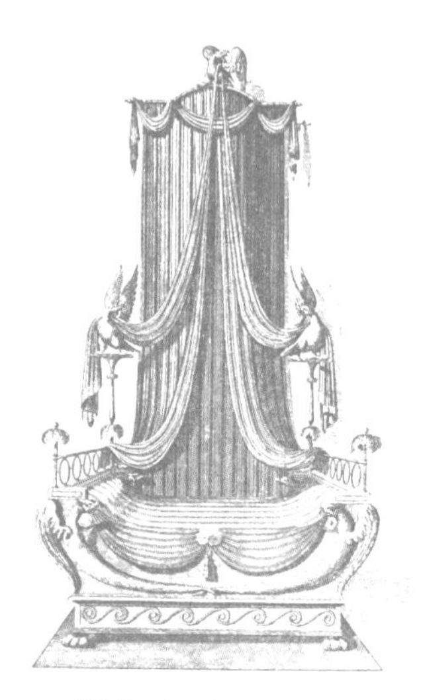
8-7 带华盖的床（出自谢拉顿的设计著作，1803年11月9日）

8-8 双立圆筒书柜（谢拉顿设计，1802年）

8-9 餐具柜。桃花心木制作，背面装有黄铜杆和凸面镜。（出自谢拉顿的设计著作，1802年）

期的英国作品做出了巨大贡献。下面插图中的餐具柜和沙发桌就是这类家具，这说明谢拉顿除了设计上文提及的较为笨重的家具外，也设计了一些特征不那么明显的家具。

插图还展示了当时的著名建筑师托马斯·霍普（Thomas Hope，以“阿纳斯塔修斯·霍普”之名为人熟知）于1807年绘制的一幅图，可以看出英国人对家具与装饰中的古典设计的狂热追求。从图中可以看到，我们在“古代家具”一章中曾描述并配图说明过的一部分桌椅式样，被当成了模仿的对象。

有一些一流家具制作者，其中几位的传人还经营着以他们头衔命名的公司并延续了他们的设计风格；而其余的名字皆被遗忘，仅有一些年长的制造商和拍卖师还记得他们。应笔者的请求，这些制作商和拍卖商察看了旧档案，唤起他们50年前的记忆。这其中最为人所熟知的是托马斯·塞登（Thomas Seddon），他来自曼彻斯特，在奥尔德斯盖特街创办公司。他的两个儿子继承了他的事业，成为乔治四世的木匠，为温莎城堡制作家具和装饰。国王死后，他们的账款被拒付，3万英镑一笔勾销，这项损失迫使他们不得不与债主达成协议。但是在不久之后，他们盘下了位于格雷律师学院路的伦敦轻骑兵志愿者营房（那里如今是医院），在那里经营了一段时间大规模的业务。塞登的作品可和吉娄并肩而列，他们两家公司分享了最好的家具订单。

擅长东方题材的画家托马斯·塞登（1856年去世），以及著名建筑师P. 塞登都是这位公司创始人的孙子。哥哥托马斯死后，弟弟P. 塞登将自己在公司的所持部分转让给邦德街的约翰斯通和珍尼斯公司，那是另外一家历史悠久的公司，之前以“约翰斯通与诺尔曼公司”之名经营，直到最近才更名。这家公司曾在几年前接了一个美国百万富翁的大订单，那是一批拜占庭式设计家具的仿制品，以杉木、乌木、象牙和珍珠制作，根据已故皇家艺术学会会员阿尔玛·台德玛（Sir Alma Tadema）绘制的图纸制作而成。

阿尔伯马尔街的斯内尔公司于本世纪初正式成立，享有极佳的声誉。斯内尔最擅长制作工艺精良的桦木卧室系列家具，但也会制作一般的家具。现在的霍华德父子公司的前身，早在 1800 年就在怀特查佩尔开创了业务。还有第一位莫兰特（Morant）先生，他们都应该被载入本世纪前二十五年的制造商史册。

8-10 沙发桌（出自谢拉顿的设计著作，1804 年）

8-11 古典风格房间设计（出自建筑师托马斯·霍普之手，1807 年）

之后不久，陆续出现了议会街的特罗洛普（Trollopes）；继承了都比金（Dowbiggin，吉娄学徒）的霍兰（Holland），先是在普尔特尼街成立公司，随后又将其定址于现在的地点；勒盖德山的威尔金森（Wilkinson），是如今位于邦德街的室内装潢公司的创始人；葛文纳街的阿斯平沃尔（Aspinwall）；第二位莫兰特，和威灵顿公爵私交甚笃；克雷斯（Crace），是一位品位颇高的杰出室内装饰设计师，为普金（Pugin）的众多哥特式设计亲自操刀。这些全部都是享有良好声誉的人。牛津街的迈尔斯和爱德华兹（Miles and Edwards），也因制造优良的中产阶层家具而家喻户晓，后由辛德利（Hindleys）继承事业。上面提到的都是本世纪上半叶享有盛誉的制造商，尽管在 1851 年伦敦博览会之前，他们的作品在设计上通常已鲜有亮点，但至少结构合理，不像现在的很多家具，仿造夸张做作的设计风格，显得廉价而又艳俗，还带有各种瑕疵。关于这一点，下一章会探讨更多。

那时，市场除了最普通的家具之外，对其他家具的需求非常有限。我们的富足阶层购入的是法国家具商的产品，或是在巴黎制作，或出自漂洋过海来到英国的法国人之手。而中产阶级则对最普通和实用的物件已经心满意足。即使他们拥有财富，也缺乏品位和教育，不会对家居陈设产生更高要求。如今，大都市周边是大片近郊住宅，豪商富贾们的豪宅就坐落于此，但当时尚未出现。零售商那时住在自己的店铺或仓库里，而商人们则只向往在布鲁姆斯伯里有一所单调的房子，或是像大卫·科波菲尔的岳父斯本罗先生一样，在诺伍德有一栋别墅，或在汉普斯特德或海格特有一间乡村住宅。

一位名叫乔治·史密斯的家具设计师和制造者担任了威尔士亲王殿下“特派拥护者”一职，在卡文迪什广场的公主大街经营生意。他写了一本158页的设计书稿，1808年由霍尔本的威廉·泰勒出版。这本书的内容包含了飞檐、窗帘、床榻、桌子、椅子、书柜、衣柜和其他家具——其中某些名称源自法语，首次出现在我们的词汇中。“写字桌（escritoire）、花架（jardini è re）、午餐桌（dejune tables）、带镜高五斗橱（chiffonier）”（词语拼法按史密斯的书中抄录），都带有仿古风格的痕迹。这里插图中有几张他设计图纸的复制件，展示了英国摄政时期所谓的艺术家具的样式。史密斯先生在为他的插画集所作的序言中，让我们了解到当时流行的审美趣味，这在现在大半个世纪过去后回顾和细读是很有启发性的。

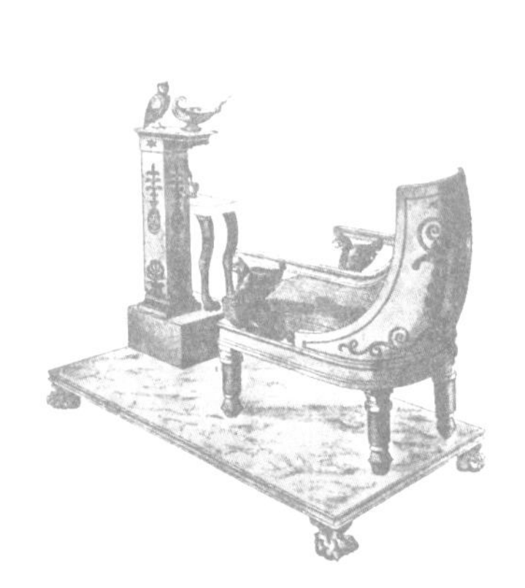

8-12 图书馆安乐椅（根据史密斯的设计著作复制，1804年出版）

“以下对细木家具制作中所用木材的实际观察也许有用。桃花心木用于重要的房屋时，只限于用在客厅和卧室的地板。这些公寓的家具，使用其他木材作为镶嵌装饰越少，作品的风格就越显得高雅。如果木材的质地精良、致密、色泽明快，装饰图案就会被完全雕刻在桃花心木上。如必须用线条镶嵌制造出镶板，就用黄铜或乌木的线条。在客厅、梳妆室、接待室的家具，可以用来自东方的东印度椴木、西印度椴木、玫瑰木、郁金香木和其他种类的木材。用椴木或浅色木材做家具主材时，装饰可以是乌木或玫瑰木；用玫瑰木作主材，装饰物就是鎏金材质，并且镶嵌黄铜。青铜有一种冷淡乏味的效果，尽管有时会在椴木家具上使用，但更适合搭配镀金物件，与桃花心木也相得益彰。”

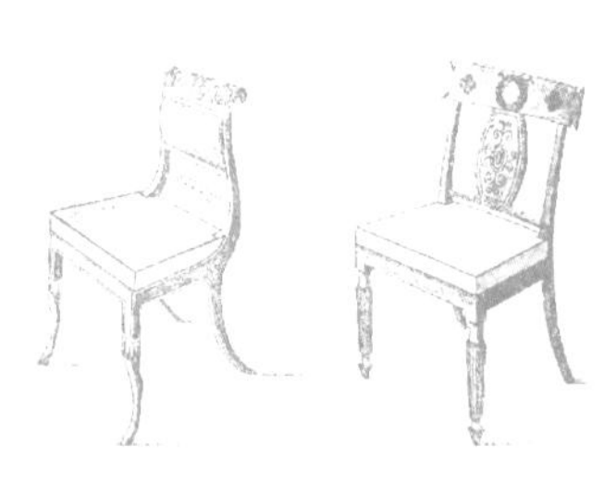

8-13 会客椅。展示了文中提及的黄铜镶嵌装饰。（出自1808年出版的史密斯的设计著作）

在史密斯出版的设计著作中，有少量具有不明显的哥特特征。这些设计通常是雕刻在浅色橡木上，或是漆成浅石色，有些还有纹章盾，上面有色彩突出的顶饰和盾徽。也有窗座漆成仿大理石的纹样，饰有罗马式或希腊罗马式的装饰物，漆成绿色模仿青铜材质。最不会令人反感的是那些带有青铜绿色装饰物的桃花心木制品。

伦敦市长官邸有几件这时期的家具，显然都在本世纪初得到了一定程度的翻新。

在斯金纳公司（Skinner's Company）的议事厅中，配备了有扩展功能的桌子，方便召开委员会会议时搭开一张马蹄形桌子。在家具设计上尚流行使用动物头足的本世纪初，它们是厚重结实的桃花心木雕刻品中的极佳样本。这些桌子有着厚重的桌腿，以高超的技艺雕刻了狮头和狮爪，神采奕奕。所用木材质量上乘，色泽丰富。

8-14 书柜（出自谢拉顿的设计著作，1806年6月12日）。注：伦敦市长官邸内有与之非常相似的书柜。

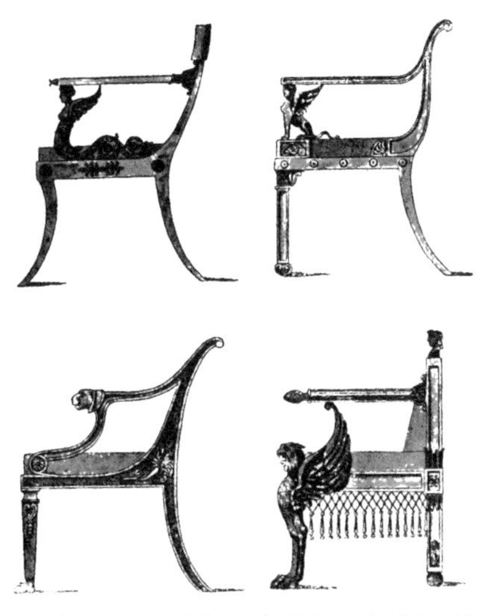

8-15 客厅椅侧视图（出自1808年出版的G. 史密斯的设计著作）

维多利亚女王统治早期的家具

从方才列举的制造商的作品上可以看到帝政式风格的影响。然而，随着法国君主制的复辟，流行时尚也迎来了不可避免的改变，帝政式风格宣告终结。路易十五式的涡卷纹和曲线重新流行，只是特色和限制更少一些，直至出现我们所称的“巴洛克式”【1】及较为拙劣的“洛可可式”。华丽且不协调的装饰滥用在装饰家具上，表现出炫耀卖弄的审美品位而并非适度的美化装饰。

跟随法国的潮流已成为英国很长一段时期的惯例，因此在威廉四世统治时期及维多利亚女王统治早期，我们最好的住宅中配备的家具都是以法国风格设计制造的。查茨沃斯庄园的音乐厅中一些椅子和脚凳，是威廉四世携阿德莱德皇后在加冕礼时使用过的，颇有法国家具的外观特点。

在上一章中，我们提到了使用橡木镶板装饰墙面的旧时尚，其经历的变化也值得记录一笔。翻查第三章“英国部分”中伊丽莎白一世时代的橡木镶板插图，可以看到橡木隔板从地板延伸到离檐口不到两至三英尺处。后来，这种镶板被分为了上下两部分，上面的部分从大约一把普通椅子的椅背高度处开始，下面部分则用墙面装饰线条或挡椅线作为封顶。后来绘画作品开始被嵌入镶板中，不久后上部分的镶板被摒弃，底下部分的护墙板还保留着，专业术语称作“护壁”（Dado）【2】，现在我们已经看到用木材和各类装饰材料制成的护壁再度流行。在我们现在讨论的那个年代，这种布置在我们祖父辈的心目中不再受青睐。护壁只保留了最底下的部分（或可以说是墙脚部

【1】“巴洛克（baroque）”已成为一个通用术语，来源于葡萄牙语的“barrocco”，原意指“大颗的形状不规则的珍珠”。最初是宝石匠的术语，后来像“洛可可（rococo）”一样，用于描述十九世纪古典风格消失后流行的装饰设计类型。

【2】帕克先生对护壁的定义是：在古典建筑中形成基座主体的实心砌块或立方块，位于底座线脚和檐口之间；是建筑线条等建筑布局的一种，类似一条延伸的底座围绕房间墙壁的底部。

分），现在我们称之为壁脚板。

来到我们年长些的同辈人能记住的年代，翻开讲述工艺美术的杂志和报纸的往期旧本会是很有趣的事情。在 1849 年更名为《艺术杂志》的原《艺术同盟月刊》（*Art Union*）当时已创刊近十年，在鼓励促进艺术和产品制造方面做得不错。艺术学会早在 1756 年就在伦敦成立，颁发过一些设计奖项和改进各种产品制造工艺方法的奖项。从过去到现在的参评作品都一直在位于阿代尔费大楼的学会展厅中进行展览。早期的学会会刊是了解这些展览的珍稀资料。

大约 1840 年时，皇家艺术学会会员查尔斯·巴里（Charles Barry）先生（后被封为爵士）设计并开始着手建造当时就被称为"威斯敏斯特新宫"的议会大厦。为了遵循建筑的哥特式特点，家具和陈设自然设计成与之相协调的风格，这与当时流行的庄重的建筑风格是背道而驰的。尽管巴里先生在这之前用更古典的轮廓设计了改革和旅行者俱乐部，但他是上个世纪第一个打破常规的人。第二章提到过一把十五世纪的"华盖宝座"并附图，英国下议院的发言人座椅显然是在模仿其设计风格。而组成新宫的国会大厦和各类官邸中，装饰着数以千计的亚麻卷褶纹样镶板。考虑到 50 年前英国艺术处于低迷状态，那时能有这样设计和制作工艺极佳，柔和而不浮夸的作品非常值得称赞。

这种对提高品位的期许在当时的期刊上引发了众多讨论，政府听从了公众表达的意见，在 1840–1841 年指定了一个特别委员会，研究如何在全国进行艺术推广工作。查尔斯·巴里先生、伊斯特莱克先生、皇家艺术学会会员马丁·希爵士，被任命为特别委员会成员。该委员会 1841 年的报告中提到："兴建两栋国会大厦是一项非常重要的全国性工程，提供了一个不可错失的机会，我们借此不光要鼓励艺术领域中的高级门类，也要促进每一项次级门类的发展。"

8-16 祷告台（Prie-Dieu）。雕花橡木，彩绘和镀金装饰。普金先生设计，伦敦的克雷斯先生制造。

8-17 写字桌和书柜。雕花橡木制成，德国哥特式风格。（海德鲁夫教授的画作，出自1846年出版的《艺术同盟月刊》）

奥古斯都·威尔比·普金（Augustus Welby Pugin）先生是这一时期享誉盛名的哥特风格家具设计师，他出生于1811年，1835年就出版了著作《哥特式家具设计》（*Designs for Gothic Furniture*），随后又出版了《宗教装饰与服饰术语》（*Glossary of Ecclesiastical Ornament and Costume*）。凭借着将知识熟练应用在他设计的各类宗教建筑装饰上，他树立起了口碑。插图8-16再现了一幅他的设计图。尽管普金在那时遭到了强烈的反对，他的作品和名声还是得以流传下来。《艺术同盟月刊》在1839年对他的一本书进行评论时，用以下文字作为结语："在生活中，天才被错当成疯子的情况司空见惯，有时也会出现疯子被错当成天才的情况。威尔比·普金先生就常常向我们表现出了一个恰当的例子。"

当时，在英国作为工业艺术的家具设计和制造，似乎鲜有人问津。那时的期刊极少提及装饰木制品的设计。拍卖商的广告中，除了像霍勒斯·沃波尔（Horace Walpole）的草莓山庄著名藏品等例外，很少有具体说明。除了像沃波尔这样为数不多的艺术爱好者，收藏了两三百年前的古董和橱柜，此外，似乎见不到人们对这个领域的特别兴趣。

约克庄园大约就在这时期重新装修并配备了家具，鉴于它被描述为"其富丽堂皇胜于同类住宅，可与欧洲的皇室宫殿相媲美"，我们不妨看一看在1841年为《艺术同盟月刊》撰写的一篇关于约克庄园重新改造的报道。这篇介绍对这时期的审美品位涉及较少，而作为当时的艺术评论家，作者对该文章涉及的主题的专业认识和领悟就更少了："家具普遍都没有特别的风格，但是整体而言，可以看出杂糅了品位极佳的各个时代的最佳风格。"通过软垫搁脚凳、"双人沙发"等内容，评论家接着讲述了显然才刚发生的潮流变化："它们中的某些用白色珐琅装饰，取代了未加装饰或是雕花的玫瑰木和桃花心木，用工艺完美的浮雕诠释了古典题材图案。"

临近本章所讨论的年代末时，著名的杰克逊和格雷厄姆公司事业更进了一步。他们公司在树立“具有品位”的形象上，得到一位名为普利诺特（Prignot）的法国设计师相当大的帮助，在即将举办的1851年伦敦博览会上，该公司占据了非常突出的位置。随后接手这家公司的柯林森和洛克，年少起就在该公司磨炼成长，三十多年前离开，前往舰队街的赫林斯处，并在1870年继承了赫林斯的业务。

另一位设计并制造优质家具的著名室内装饰设计师是伦纳德·威廉·珂尔曼（Leonard William Collmann）。珂尔曼先在布弗里街起家，后搬到波特曼广场的乔治大街。他是皇家艺术学会会员、建筑师悉尼·史麦克（Sydney Smirke，设计并建造了卡尔顿俱乐部和保守党俱乐部）的学生，也是一位出色的建筑师，众多公共建筑、伦敦俱乐部建筑、贵族与上流社会人士的宅邸都由他操刀装饰和布置家居，他的儿子如今在温莎城堡任国王的装饰主管。珂尔曼的设计偶尔会呈现出哥特式风格，但通常还是古典风格。

那时的拍卖商目录证实了他们对家具领域缺乏兴趣。笔者征得佳士得拍卖行许可，得以接触到这家老牌公司的记录档案，可以在此介绍两三个家具拍卖的实例。十九世纪三十年代到四十年代的画作拍卖目录按四开本版面印刷，内容也描述详尽，而那些“家具”目录则按旧式的小八开本印刷，和现在的小型乡村拍卖目录一样，描述文字也极少超过一行。家具的拍卖价格很少能超过10英镑，一整天的拍卖总价经常是少于100英镑，有时还不到50英镑。1830年，在一栋相当重要的宅邸——汉普斯特德的罗斯林庄园（Rosslyn House）的拍卖会上，最高价的家具售价为32英镑，那是“一件上好的桃花心木台座餐具柜，配有保温食橱、酒橱、两个放碟子的抽屉以及带沟纹的柜脚”。在“一位上流人士”的财产拍卖会上，“一张镶嵌了奖杯图案、赛夫勒瓷片镶板，装上了鎏金配件的嵌木细工橱柜”

卖出了 20 基尼。“带抽屉的赖斯纳（原文为 Reisener）桌，镶嵌了精美的花朵图案”似乎以 9 基尼被预订，最后挣得了 8.5 基尼。佳士得拍卖行如今的常客已经见证了这些家具拍得的价格上涨了 20 倍，他们一定会理解真正精良的古老法国家具巨额增长的价值。

或许在浏览过 1848 年英国斯托庄园的那场盛大拍卖会的价格后，才能感受到现今和半个世纪之前的最鲜明对比。那场拍卖会因白金汉公爵遭遇财政危机而举办，持续了 37 天，收入超过 71000 英镑，家具拍卖的收益总计达 27152 英镑。我们在“法国家具”一章中已经看到，在过去几年中，布勒制作的衣橱每一件都会被拍到 4000–6000 英镑。而由于对这种作品缺乏鉴赏力（它们兴许是最能充分体现设计师和工匠们艺术技艺的作品），布勒那对有名的衣橱（在汉密尔顿宫和琼斯藏品中也有同等大小的衣橱），在斯托庄园拍卖会上只是分别卖出了 21 英镑和 19 英镑 8 先令 6 便士。

我们现在已经对佳士得拍卖行的商品叫价以 5 基尼、10 基尼以至 50 基尼的价格上涨司空见惯，而可笑的是，在旧拍卖目录中可以看到嵌木细工桌子、椴木橱柜、玫瑰木矮几和其他被称作“装饰家具”的物件被汤和伊曼纽尔公司、韦布、莫兰特、希区柯克・鲍多克、福雷斯特、雷德费恩、李奇菲尔德（笔者的父亲）以及其他佳士得拍卖行（前身为 Christie’s，后来的 Christie and Manson 公司）的买家和熟客在 1830–1845 年拍下时总共才花费 6 先令、15 先令，有时也会有 10 英镑或者 15 英镑。

这里给出个例，但这样的情况还有很多。1841 年 2 月 25–26 日的拍卖会，第 31 号拍卖品是“一张椭圆形小桌，镶嵌了一片花卉彩绘图案的塞夫勒瓷片，6 先令”。

当时人们对这个领域普遍缺乏兴趣，但也不乏有一些例外，如 1843 年在肯辛顿戈尔庄园（那时是布莱欣夫人的时尚府邸）

举行的老家具展览就给人留下了愉快的回忆。J.C. 罗宾逊先生（现在的罗宾逊爵士）以提供给展览的家具为说明样本，做了一系列的演讲。在前面第三章插图中的威尼斯仪典座椅，也是在那个时候从女王陛下处借来的物品之一。布勒作品的代表作和意大利文艺复兴时期的一些精品也在此次展览中展出。

伦敦一大批有些历史年份的俱乐部会所都是在 1813–1851 年落成和装修的，禁卫军俱乐部最早，而陆军和海军俱乐部最晚。在这三十余年时间里，联合服务俱乐部、旅行家俱乐部、联邦俱乐部、文艺俱乐部、东方会、温德姆俱乐部、牛津剑桥联合俱乐部、革新俱乐部、卡尔顿俱乐部、嘉利克俱乐部、保守党俱乐部以及一些其他俱乐部都建立起来并进行了装潢。这其中很多俱乐部还保留了吉娄、塞登和当时其他一些制造者（上面有提及他们的作品）的许多家具，这些是乔治四世、威廉四世及维多利亚女王统治早期英国制造的最好的细木家具的有力例证。同时也值得记录的是，1815 年初次应用在机器上的蒸汽动力此时在家具制造业有了更广泛的运用。随着这种生产方式的采用，我们国家工厂和作坊中的学徒制度似乎逐渐遭到摒弃。自从几年前英国的家具木工公布了价目表，现在的“计件工作”生产方式差不多就开始存在了，取代了先前一代的旧式的“计日工作”的方式，逐渐成为交易惯例。

8–18 摇篮。黄杨木制造，为维多利亚女王设计。伦敦的哈利·罗杰斯设计并雕刻。

在法国，全国性展会的成功是毋庸置疑的，从 1798 年作为实验性的初次展会只有 110 位参展商，到 1849 年第 11 届展会，参展商已大幅增加到 4494 位。1849 年的《艺术杂志》给我们提供了一些展品的简介，还配上了插图，也贡献了一篇文章指出类似的展会如果在英国举行能获得的益处。

从 1827 年开始，我们在都柏林、利兹和曼彻斯特举办了地方性展会。1849 年在伯明翰首次安排了专门的大楼举办产品展会，从《艺术杂志》中关于这次展会的带图评论可以看到，我们的设计师和制造商表现出了开辟新方向、取得进步的愿望。

8-19 茶叶罐设计。J. 斯特拉德威克设计，镶嵌象牙装饰物。1849 年出版的《艺术杂志》中“制造商原创设计”之一。

8-20 餐具柜的其中一扇门板。W. 霍尔姆斯设计。1848 年在英国艺术协会展出，收录在 1849 年出版的《艺术杂志》中。

我们在此可以再现这个时期的一些家具设计。哈利·罗杰斯先生用土耳其黄杨木为维多利亚女王设计并雕刻的摇篮，使得我们拥有一件精美的作品，让文艺复兴后期并未失去光彩。罗杰斯先生确实是这时期非常著名的设计师和雕刻师，他早在 7 年前就因其著名的黄杨木雕刻品为人熟知。

这个摇篮也应维多利亚女王之命送到了展览会，或许值得引用一下这位大师对于雕刻装饰的叙述：“在给这个摇篮做设计时，我想到的是它的整体应该象征着英国皇室和萨克森 – 科堡 – 哥达王朝的结合，抱着这种想法，我设计了摇篮的一头呈现了英国的国家格言和纹章，另一头是阿尔伯特亲王的家族格言和纹章。铭文‘公元 1850 年’是奉女王陛下的特令刻在海豚中间的。”

当时《艺术杂志》中对这件精品的一则评论是这样说的：“我们认为，这个摇篮是本国设计出的最重要的木雕艺术典范之一。”

罗杰斯也是在装饰风格方面富有能力的作家之一，他除了设计图样被《艺术杂志》收录在“制造商原创设计”专栏中得以出版外，还有不少文稿被当时的期刊刊登。这些文章偶尔会发表出来，包含了很多给制造商和雕刻师的极佳的建议，还包括设计图，如 H. 菲兹库克（本书提供了一张他设计的工作桌的复制图）的设计图。其他家具原创设计的投稿者差不多都是长期供稿的，有 J. 斯特拉德威克和 W. 霍尔姆斯，本书各为他们两位展示了一幅设计稿。

然而，尽管在当时的英国到处都有优秀的设计师成名，总体而言家具和装饰木制品设计艺术还是处于低谷阶段。

拥有平直线条和简单弧度的家具也许显得乏味又无趣，但一点也不会像本国 40 年前流行的过分装饰、品质低劣的“洛可可式”家具那样令人反感。若是装饰镜框、餐具柜背板、沙发和椅子的涡卷纹、花卉纹样、玳瑁和石料装饰都是风格低俗的，即便木材经过了精心雕刻，而如果出于经济实惠的目的，上述这种耗费心力又做作的装饰应用在了当时流行的灰泥石膏上（就如中产阶级的屋宅），效果就更是无比糟糕了。

以这种材料制作镀金镜框的大面镜子，占据了大理石壁炉架的重要位置，或是架在有着大理石台面并同样以镀金石膏装饰的蜗形腿台桌（矮几）上。梳妆镜柜，有着精心设计的“S”形弯曲桌腿的架子，配有一面用涡卷纹装饰边框的镜子，是一件特别流行的家具。

8-21 H. 菲兹库克设计的工作桌。作为“制造商原创设计”之一被1850年的《艺术杂志》收录出版。

地毯的设计极其差劲，颜色花哨又俗气；至于椅子，由于切割木材时做了垂直木纹的横切，也为了让其形状和装饰跟随潮流的步伐，变得并不实用；用雕花玫瑰木做边框的壁炉防火屏，上面绣着西班牙猎犬或当时的家庭集会图案的漫画，和周围的环境一样难看。

餐厅阴暗沉闷，里面摆放的台座餐具柜配有一面以涡卷纹装饰镜框的大镜子；笨重丑陋的椅子是早前的希腊式复制品的残存，尽管牢固又结实，却不会令人心情愉悦，也无法令人感觉到高雅。

卧室中摆放的是多开门的衣橱和多斗橱，带弯腿的梳妆台和洗脸池，基本上都是桃花心木制成的；老式的四柱床被阿拉伯式床或法式床所替代，而这些又逐渐被铁制或者黄铜的床架取代——这两种床架在1851年伦敦博览会上展出，向人们呈现了这些材料在轻巧度和清洁度上的优势，随后便流行起来。

总而言之，从18世纪初期开始，到这次伟大的博览会有效推动艺术发展为止，几乎所有人对装饰房屋的整体品位都差不多是低到了极点。

在其他国家，洛可可风格也根深蒂固。法国保持了高于英国的水准，尽管他们的细木工艺较低劣，但家具中应用的形象装饰的制作水平更高。在意大利，文艺复兴时期的老样式仍然作为仿制的样本，而纹饰的雕刻显得更为随意，更少地去考虑装饰品。象牙镶嵌在米兰和威尼斯得到大量的应用；大理石马赛克镶嵌是罗马和佛罗伦萨的特色工艺，也多应用在橱柜的装饰上；威尼斯人忙于制造雕花胡桃木家具，有餐具柜、橱柜，精巧地加以涂漆和镀金；还有主要图案是丘比特和叶饰的雕花镜框。

意大利的雕刻总是自由而充满生机的，雕刻的形象总不会缺乏优雅。尽管和文艺复兴的鼎盛时期相比已是极大的衰落，意大利十九世纪制造的这些作品在装饰上仍有很多优点，纵然是有些装饰过度。然而，在作品的结构和细木工方面，意大利大部分作品曾经而且仍然品质低劣。过分矫饰和费尽心力装饰的橱柜（大概镶嵌了象牙、青金石或者大理石），制造得非常粗糙，以至于令人认为制造者只追求装饰，而非耐用。

在安特卫普、布鲁塞尔、列日市和佛兰德的艺术中心，文艺复兴衍生的木雕学校似乎一直保持了几分卓越。随着雕刻木制品制造水平的提高，有一部分草草完成和过度装饰的作品被生产出来。之前已经提过，阿姆斯特丹和荷兰其他城市的廉价嵌木细工产品败坏了荷兰家具的声誉，但直到笔者搜集资料研究结束为止，佛兰德的木匠在我们研究的这个时代好像仍然领先于欧洲其他的工匠同行。在下一章，我们会讲述 1851 年伦敦博览会上一些有代表性的展品，可以看出，当时安特卫普的设计师和雕刻师无疑是名列前茅的。

在奥地利，也制造出了一些精良的细木家具，维也纳的 M. 雷斯特勒在此时享有盛誉。

在巴黎，佛迪诺斯（Fourdinois）公司声名在外。在随后的展览中，我们会看到该公司在一众装饰家具设计师和制造商中遥遥领先。

至于英国，可以看出它还在经历艺术产业的衰落萎靡。本世纪（19 世纪）初的亚当兄弟及其流派的优秀设计已被取代，毫无意义的洛可可风接替了对法国仿古家具的一味模仿。与之相反的是，在更早更有品位的时期，建筑师设计的木制品和家具会符合他们的建筑风格，他们那时好像通常会舍弃对室内装饰的控制。这造成的一个结果就是：当我们仔细看看 50 年前的自己国家的家具时，发现他们并没有给我们这个具有艺术品位的勤劳民族留下很多值得自豪的东西。

我们已经注意到政府和新闻界都意识到了这种不尽如人意的状态。意识到不足之处后，则产生了弥补不足的愿望和动力，我们可以看到，随着 1851 年伦敦博览会的举办，这一伟大和成功的举措自然而然带来了交流以及提高的愿望，艺术和工业得到了巨大的促进，我们的设计师和工匠也因而受益。

8–22 雕花胡桃木制的威尼斯凳子

第九章　1851年至今[1]的家具

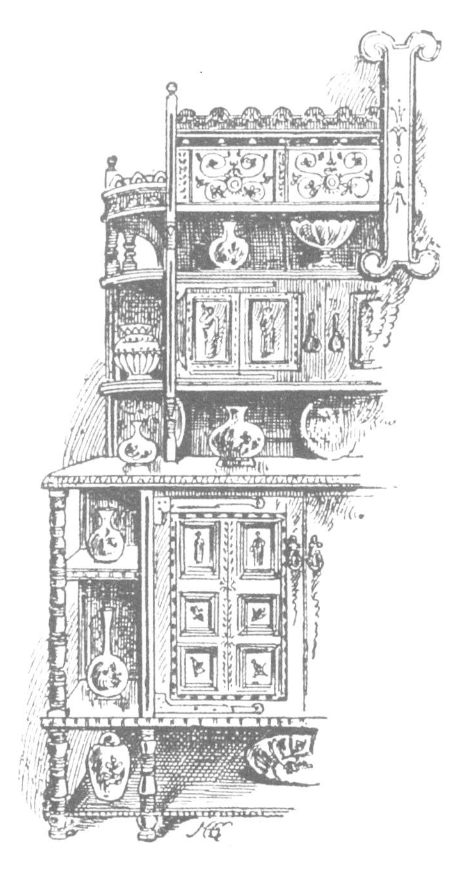

9-1　首字母装饰图——现代詹姆士一世风格橱柜

【1】指本书成书时期——十九世纪末。

9-2 带酒橱的雕花橡木餐具柜。吉娄先生设计并制造，1851 年伦敦博览会。

1849 年在巴黎举办的法国国家博览会大获成功。同一年，我国的制造商们也在伯明翰开展了竞赛，推动了工艺美术在英国的发展。大约也就是在这时，出现了一次全民推动的运动，意在举办一场大型国际博览会。当时的报章杂志纷纷发文倡导这一行动，终于，在克服诸多困难、历经多次延期之后，一个旨在推动实现这一目标的委员会成立了。这也促成了一个皇家委员会的诞生。作为委员会主席，维多利亚女王的丈夫阿尔伯特亲王对这个伟大事业的每一项安排都倾注了极大的个人热情。的确，这项工作能取得成功，很大程度上都得归功于亲王本人的品位、耐心和卓越的经营才能，这一点毫无疑问。记录当时这个热门话题的所有细枝末节并不是我们的任务，尽管如此，鉴于我们不得不将 1851 年的这次博览会视作家具史上的里程碑之一，还是有必要记录某些有关其缘起和成就的细节。

9-3 壁炉架和书柜。雕花胡桃木制成，镶嵌彩色大理石，门以穿孔的黄铜制成。建筑师 T.R. 麦阔伊德设计，伦敦的霍兰德父子公司制造。1851 年伦敦博览会。

据说，最初提出世博会设想的是艺术学会的秘书长 F. 惠肖先生（Mr. F. Whishaw），早在 1844 年，但都没有任何实质性行动。直到 1849 年，该学会会长阿尔伯特亲王热心地张罗起此事。他在某次会上曾发言说：

“现在，是时候来筹备一次盛大的博览会了—— 一次与这个国家的伟大地位相称的博览会。就影响范围和受益人群而言，不只局限于英国国内，而要覆盖整个世界。如果民众愿意做这件事，那我就自告奋勇来当他们的领头人。”

约瑟夫·帕克斯顿先生（Mr. Joseph Paxton，后加封为爵士）时任德文郡公爵园艺师总长，用玻璃和钢铁建造展厅正是他的构想，此后名扬于世。一家有胆识的建筑承包商——福克斯与亨德森公司接受委托，承建此项工程；向公众募集筹得一笔总额约 23 万英镑的保证金；1851 年 5 月 1 日，博览会由维多利亚女王亲自宣布开幕。在一场为庆祝本次盛会而举办的市民宴会中，阿尔伯特亲王非常恰当地阐述了这一伟大实验的目的：

9-4 中世纪风格橱柜。伦敦的克雷斯先生设计制作。1851 年伦敦博览会。

“1851 年博览会是一次真正的检验，检验全人类在这一伟大事业中已经达到何种发展程度；这也是一个全新的起点，所有国家将从这里找到他们进一步努力的方向。”

大会的参展商有约 17000 家，其中有 3000 多家收获了奖项和博览会奖章。秘书长斯科特·拉塞尔先生（Mr. Scott Russell）编制了一本官方目录，其中有许多值得一读的详细说明，可以将目录中很多公司的展品与其现在的作品加以比较。

9–5 雕花木质书柜。伦敦的杰克逊和格雷厄姆公司制造。1851 年伦敦博览会。

《艺术杂志》还专门为此出了一期特刊，以“艺术杂志图录”为名，刊登了部分重量级展品的木版画。经木版画版权所有人授权，我们得以在本书中复制一小部分，以使读者对当时英国和欧洲大陆几个主要工业中心的家具设计有所了解。

9–6 大三角钢琴。象牙镶嵌，饰有金浮雕。伦敦的布罗德伍德公司设计制作。1851 年伦敦博览会。

它们能够入选倒不是因为有多精美，而是因为它们在当时的作品中颇具代表性。

说到英国公司的展品，插图中有样例，上一章也已经对这些公司在博览会之前的产品做过评价，此处不再赘述。尽管如此，考虑到钢琴的形式和特征变化在家具设计中有一定的重要性，其中有一幅插图还想顺便再提一下。布罗德伍德公司（Messrs. Broadwood）制造的三角钢琴（见插图 9–5）是用乌木和黄金打制的装饰性木制品中的精美样例，可与第六章末的羽管键琴插图 6–30 加以对比，羽管键琴在 1767 年前后为钢琴所取代。这表明 1851 年世博会以后，人们对装饰性家具更为关注了。在本书附录中，有一小段介绍了钢琴从诞生到现在所经历的不同阶段，从小键琴或大键琴——在第三章的“一个十六世纪的房间”里能找到大键琴的（见插图 3–4）—— 一直到钢琴外部装饰的最新发展，这些装饰均出自当今最重要的艺术家们之手。布罗德伍德公司 1732 年在现址上创办，该公司的阿尔杰农·罗斯先生（Mr. Algernon Rose）非常热心地为笔者提供了撰写这条简介所需要的各种细节。

9–7 女士用写字桌。白木材质，雕刻有乡村景象。瑞士伯尔尼维特利（Wettli）公司设计制作。1851 年伦敦博览会。

从这些展品的插图可以看出，我们的外国竞争对手们，如意大利人、比利时人、奥地利人和法国人，在形象雕刻和组合搭配上都遥遥领先于我们。如果仅论作品的结构和精美程度，我们不见得比他们差，只要我们的设计师能遵循惯例，效果还算令人满意。只有当他们想突破常规时，结果才会不尽如人意。

通过展品清单，我们能看出流行时尚的变化无常。用制型纸板【2】做装饰性家具在当时非常普遍，清单中就有几件这种类型的样例，法国和英国的公司都有。对 1850-1860 年的客厅来说，几把休闲椅、一个带彩绘镶板的屏风、一张工作台，或者用这种装饰性强但不怎么结实的材料制作的几个小柜子或小箱子，显然是必不可少的。

9-8 女士用工作台和屏风。制型纸板制作 。1851 年伦敦世博会。

橱柜金属配件的设计与制作，特别是那些可以让“豪华家具”的装饰更显丰富的高水平雕镂和镀铜工艺，当时可以算是巴黎工匠们的独门秘籍，直到现在很大程度上也还是如此。而英国的这类展品几乎无一例外也都是由定居英国的外国人完成的。

9-9 餐具柜。橡木雕刻。图案取材于沃尔特·司各特爵士的小说《肯纳尔沃斯堡》，沃里克库克公司设计制作。1851 年伦敦世博会。

【2】法文 papier-mach é，指一种加进胶水等经过胶状处理的纸，用以做装饰品。（译注）

9-10 仪典座椅。框架有雕饰并镀金，软包为红宝石色丝绸，绣有皇家盾徽和威尔士亲王的羽饰。约克郡扬可夫斯基公司设计制作。1851 年伦敦世博会。

9-11 橡木雕花餐具柜。巴黎迪朗公司设计制作。1851 年伦敦世博会。

9-12 乌木雕花床架。文艺复兴式。安特卫普卢勒公司设计制作。1851 年伦敦世博会。

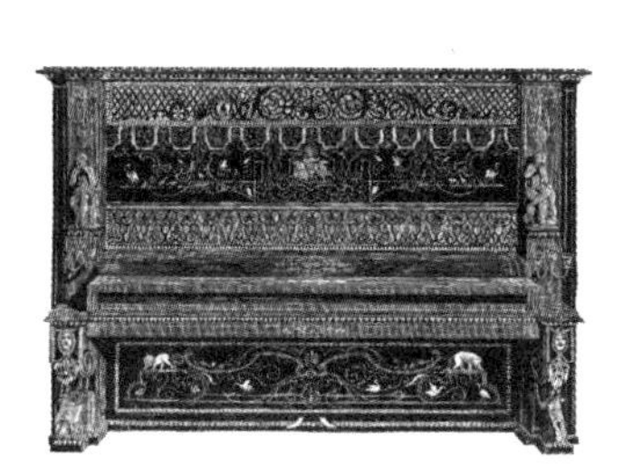

9-13 钢琴。玫瑰木，以布勒镶嵌工艺镶嵌了金、银、铜。维也纳莱斯特公司设计制作。1851 年伦敦世博会。

9-14 书柜。欧椴树雕刻，带东印度产椴木镶板。维也纳莱斯特公司设计制作。1851 年伦敦世博会。

9-15 柜子。郁金香木，青铜装饰镶瓷。圣彼得堡冈布公司制作。1851 年伦敦世博会。

在这些定居者中有一位名叫蒙布罗（Monbro）的法国人，在伦敦伯纳斯街安顿下来，以其同胞的风格制作装饰性家具，仿制了老款的布勒镶嵌艺品和镶嵌细工家具。现在的梅利耶公司继承了他的生意，梅利耶曾经是他的雇员。已故的萨姆森·韦特海默（Samson Wertheimer）——如今在艺术界相当出名的查尔斯和亚瑟公司的创立者，当时就在伦敦苏活区的希腊街上，靠他自己设计和制作的、用来适配法式箱奁的精美金属配件，稳步建立起声誉。大约四十年前，邦德街上的汤和伊曼纽尔公司也生产质地精良的装饰性家具。他们制作了很多“旧法式”桌子和柜子，由于在风格和细节的把握上相当到位，加之时光留下的“色泽”，要想将它们与它们仿制的对象相区分，并不容易。汤姆斯原来在汤和伊曼纽尔当助手，后来买下了这个家具行，并将其改名为“汤姆斯和勒斯科姆”继续经营。新公司以制作精良和昂贵的“法式”家具而闻名，直到二十多年前他们退出这一行业。

9-16 象牙箱奁。带铜锌合金的配件。巴黎马提法特公司设计制作。1851 年伦敦世博会。

老邦德街上的韦布也是这类家具的制造商之一，其生意一度由查尔斯·阿诺特家具行（Charles Annoot & Co.）承继，后来又由莱德利[3]接手。他雇用了数量可观的雇员，生意做得非常成功。

“布雷克”这个名字，也是我们这些对四十多年前的镶嵌细工家具感兴趣的年长读者们会记得的。他为已故的诺森伯兰公爵制作了一张镶嵌装饰的大茶几，由南肯辛顿博物馆的 C.P. 斯洛科姆先生（C.P.Slocombe）设计。他仿照路易十四时期的家具所制的作品也非常精美。

伦敦第二次举办世博会是在 1862 年。1861 年 12 月 14 日，阿尔伯特亲王的去世给英国蒙上了阴影，之后美国又爆发了内战，多少使得这次盛会的成功有所损减，但国内参展商还是

【3】这家公司现在名为“莱德利、罗伯逊和麦凯”。

从 1851 年的 1.7 万增加到了 1862 年的 2.9 万，国外参展商也从 6566 家增加到了 16456 家。

全国性和国际性的博览会也曾在欧洲大陆的多个首都举办。1855 年，巴黎成功举办了一届，接下来 1867 年的那届更为成功。而且众所周知，近年来在很多国家，博览会几乎年年举办，为雄心勃勃的制造商们提供了更好、更频繁地将产品展示在公众面前的机会，也让生产者和消费者从每一次品位提升及对艺术品的更大需求中获益。

这几张来自离我们更近的 1862 年和 1867 年博览会的插图，可顺带提及。用玛瑙和其他色彩丰富的矿石装饰的雕花乌木橱柜（插图 9-19），是由笔者的父亲曾担任高级合伙人的公司制作的。它获得了广泛关注，为第三任克雷文伯爵威廉（William, Third Earl of Craven）——四十年前有名的古董收藏家所购得。

巴黎佛迪诺斯（Henri Fourdinois）的作品在前文已经有所提及。在 1867 年世博会上，他制作的家具因出色的品位和对细节的关注而获得了更高的声誉。图 9-20 呈现的黄杨木雕饰乌木柜是这类作品中极为华美的典型代表：一个个黄杨木人像和涡卷纹装饰独立雕刻而成，再嵌入乌木柜体中，营造出这种效果。通过这种方式，更加复杂的作品得以更为仔细地完成，土耳其黄杨木（也许是仅次于象牙的最适宜精雕细刻的材质）致密的纹理和丰富的色彩，以浮雕的形式从制作柜子主体的乌木中凸显出来。这个出自佛迪诺斯之手的现代木柜杰作以 1200 英镑的价格为南肯辛顿博物馆所购得。任何了解黄杨木和乌木精雕有多耗时费力的人，都不会觉得这一价格太过昂贵。

佛迪诺斯公司已经歇业。当时在巴黎开创法式“豪华家具”先河的还包括伯德雷（Buerdeley）、达松（Dasson）、鲁（Roux）、索尔马尼（Sormani）、迪朗（Durand）和茨文内

9-17 桌子。古典风格，镶嵌有象牙。都灵 M.G. 卡佩罗公司为撒丁国王而制。1851 年伦敦世博会。

9-18 椅子。古典风格，镶嵌有象牙。都灵 M.G. 卡佩罗公司为撒丁国王而制。1851 年伦敦世博会。

9-19 文艺复兴风格乌木柜。嵌有玛瑙。李奇菲尔德和拉德克利夫公司制作 。1862 年世博会。

（Zwiener）。我们已经提到过茨文内，赫特福德藏品[4]中一张著名的办公桌就出自茨文内之手。1851 年世博会上展出的一个迪朗制作的餐具柜，作为那个时代橱柜类的代表作也被选入了插图中。

9-20 黄杨木雕饰乌木柜。巴黎佛迪诺斯公司设计制作。1867 年巴黎世博会。（以 1200 英镑的价格为南肯辛顿博物馆所购得）

插图中还有莱特和曼斯菲尔德公司制作的椴木柜，嵌有韦奇伍德陶片，还有花环和垂花饰镶嵌细工，属于该公司最拿手的亚当风格。莱特和曼斯菲尔德都曾在杰克逊和格雷厄姆公司担任助手，他们在大波特兰街经营了一段时间以后，搬到了邦德街。一直到几年前退出市场之前，他们在高档家具和稍具独特性的家具方面，一直非常成功。这个柜子 1867 年在巴黎展出，被南肯辛顿博物馆的管理者购得。也许大家并不知道，科学与艺术部有一笔专款拨给博物馆，用来购买合适的家具和木制品藏品。这笔经费的支出非常谨慎，需要经过仔细鉴别。也许能从中看出，1851 年创建的南肯辛顿博物馆在我们现在所写的这一时期，在英国的艺术教育中扮演着重要的角色。这一时期的文献资料也为家具和木制品设计师们提供了很多有用的指导和参考。

9-21 椴木柜。嵌有韦奇伍德陶片和亚当风格的各式木刻镶嵌。伦敦莱特和曼斯菲尔德公司设计制作。1867 年巴黎世博会。（由南肯辛顿博物馆购得）

布鲁斯・J . 塔尔博特（Mr. Bruce J. Talbert）的作品值得在此一提，原本也不该在本书的第一版中遗漏。他的家具设计，构思上以改良的哥特式为基础，又根据现代需求作了一定的改进，颇受买家追捧。特别是根据他的设计图制作的餐厅和图书馆家具，都经受住了时间的考验。他在 1868 年出版了一本关于设计的书，名为《民用家具、金属制品和室内装饰中哥特风格的应用》（*Gothic Forms Applied to Furniture, Metal Work, and Decoration for Domestic Purposes*）；随后在 1876 年，又出版了《古今家具、织物、金属制品和装饰品样例》（*Examples of Ancient and Modern Furniture, Tapestries, Metal Work, Decoration,*

【4】赫特福德藏品，现以“华莱士藏品”之名为人所知，已捐赠给国家。

&c.）。在后一本书中，他提供了几张自己曾于1870–1875年在皇家学会展出过的设计图。他还编制了一张记录各种建筑风格兴起时间的参考表格，并标有旁注，对于那些对我们这个课题感兴趣的读者来说非常有用。我们得到了塔尔博特先生的出版商（霍尔本的巴茨福德先生）的许可，得以在此为大家呈现一幅全页插图，是某餐厅设计图的一部分，选自其1870年在皇家学会展出的作品。这一设计图清晰地展现出其作品的设计理念。塔尔博特也为1867年巴黎世博会展出的家具做了设计，其中有一个餐具柜，由吉娄制作，被南肯辛顿博物馆购得。在他去世前不久，他将注意力转向了文艺复兴式的设计上。

9–22 乌木象牙柜。意大利文艺复兴式。佛罗伦萨的安德烈·皮齐制作。1867年巴黎世博会。注：这一作品的设计与第三章中插图3–14所展示的一个橱柜颇为相似。

现代家具设计中一个值得注意的特点，便是镶嵌细工的复兴。镶嵌细工属于工艺美术中的镶嵌工艺这一分支，和所有镶嵌工艺一样，应该服从于整体设计。但是，四十年前，公众开始关注于狂热追求新奇事物，伴随着这股风潮，镶嵌细工发展成为在不同饰面上制作镶嵌各种各样稀奇古怪的图案。一种在木头上进行精细镶嵌的“坦布里奇韦尔斯工艺”（Tunbridge Wells work），在小物件的镶嵌上很是流行。在过去二十五年中，齐本德尔式、亚当式和谢拉顿式设计的镶嵌细工家具制品被大批量复制生产。出现这种风潮的原因，一方面在于那些百余年前木纹华美，基本不需要以镶嵌作为装饰手段的老桃花心木和椴木家具并不易得；一方面则是为了用镶嵌细工装饰的饰面来掩盖糟糕的结构，以迎合大众的喜好。因此，在十八世纪家具制作者们的原作中从未出现过的镶嵌装饰在这些仿制品中却大量存在。简约之美被牺牲，饰面则被广泛应用，进而滥用，逐渐成为一个暗含赝品和肤浅装饰之意的轻蔑之词。狄更斯曾在他的一本小说里虚构过一个“维尼林”家族[5]，也加重了大众对这个词的恶感。

【5】指狄更斯的小说《我们共同的朋友》（*Our Mutual Friend*）中那个姓维尼林（Veneering）的暴发户家族。（译注）

9–23 餐厅设计方案。布鲁斯·J. 塔尔博特设计。1870 年在皇家学会展出。

现在常用的用镶嵌细工来装饰家具的方法与第六章说明布勒式家具时所讲到的方法非常相似，唯一的不同是，布勒镶嵌工艺使用玳瑁，而镶嵌细木工匠用的是饰面，并以饰面作为其设计的底板。在某些情况下，饰面的厚度只有十六分之一英寸，能同时看清好几层饰面。有时，为了达到色彩丰富的效果，并不使用多种不同的木材，而是用染上不同颜色的冬青木和无花果木代替，再把已经准备好的镶嵌细木部件用胶水黏合在家具上，然后再制作、雕刻和抛光。

这种做法在英国得到了非常广泛的应用，但广泛和精细程度仍不及法国和意大利。在这两个国家，象牙和黄铜、大理石，以及其他材料也被用来加强装饰效果。效果有时令人满意，有时则相反，这取决于作品的构思是否合理、制作是否到位。

同样可以想见的是，由于镶嵌细工在制作过程中可使用机器，从而在生产较普通样式的家具时可节省劳动力，降低制作成本，这也容易导致装饰的不当和过度。

也许我们可以在此补充一下，镶嵌细工（marquetry，法语 marqueterie），是我们在前几章中提及的“嵌木细工”（Tarsia）传承至现代的形式。韦氏词典对它的定义是“用木料、贝壳、象牙等一类材料进行镶嵌的工艺”，源自法文 marqueter（意为“制作多样化的色彩或图案”）和德文 marque（意为“符号”）。它不同于“parquetry”（拼花地板，源自“pare”，是一个表示“围栏”的小词）。后者意为一种运用几何图形的细木工艺，通常用在地板铺设上。然而，当镶嵌细工（marquetry）呈现几何图形（多为数个以阴影表示透视效果的立方体）时，多被称为艺术门类中的镶木拼花（parquetry）设计。

我们将当前家具的设计和制作与百余年前的加以比较，需要考虑两三个主要因素。其中最重要的是由于消费者数量倍增，对某些之前销量有限的家具品类的需求急剧增长。这使得机器提高劳动效率的优势得以发挥，因此，人们会发现在如今布置得当的房子里，所谓“安妮女王式”和“詹姆士一世式”的细木家具使用车床和蒸汽刨的痕迹实在太过明显。装饰线条根据长度由机器制成，然后再切割成檐板、斜接式圆形嵌板，或黏在一块无装饰的厚木板的边缘上，使其呈现出雕饰效果。经久不衰的纺锤形部件，用车床快速制成，用来装饰横档和架子的边缘，因为使用太过频繁而令人生厌。用圆锯或带锯制作出的花哨图案，用在抽屉面板、嵌板或横饰带上，形成廉价的装饰。雕刻机器能将任何设计从图纸变为实物，而在一个世纪以前，这是一名经验丰富、技艺高超的工匠在小心翼翼、艰苦劳动之后才能实现的效果。

由于此时的家具制作主要由大型工厂完成，无论是在英国还是在欧洲大陆，劳动分工的细分使得家具部件在不同阶段经由不同的工人通过流水作业完成。以蒸汽作为动力的大规模家具生产取代了大师的亲眼监督，也取代了旧时作坊里为数不多的几名工匠的劳作。对此，有位作家曾做过如下精辟的论述：“在这些情形下，凿子和刻刀不再由触觉敏锐的人手所掌控。”这让我们联想到艺术评论家约翰·拉斯金（John Ruskin）的箴言：“成为一件艺术品的首要条件，就是它必须由同一个人构思和制作出来。”

曾经，受过良好教育、品位不俗的艺术家们，用雕饰为家具打上个性的烙印；曾经，在十七世纪的英国，或者数百年前的意大利和法国，家具是工匠们引以为豪的作品。而现在的家具，则是某种迎合大众喜好的样式，被迅速地大量复制，通常是装饰效果强烈而价格相对较低的一种设计。

要改变这种不尽如人意的状况，难度之大显而易见。一方面，制造商或大型家具生产企业竭力宣称，公众自会选择那些他们认为是最好的商品；而当繁复装饰遭遇简约设计时，尽管前者在结构上有种种瑕疵，最后胜出的却总是这些矫揉造作的东西。当一个成功的样式被开发出来之后，为了大量复制而进行安排和分包时，任何细节上的重大变化（即使是减少装饰）都会增加成本，对此只有那些对家具制造行业有所了解的人才会懂得。

当前出现了一股名为“唯美主义”的艺术思潮，其定义为“关于美的科学及关于美术的哲学”，目的在于将对美的喜爱带到生活的方方面面。伴随着这场运动而生的空想的发展令其信徒在二十多年前受尽嘲讽，那时的讽刺漫画杂志《笨拙》（*Punch*）总是对其惹人发笑的、夸张的方面进行滑稽模仿。诞生于1881年的吉尔伯特和沙利文（Gilbert and Sullivan）的轻歌剧《耐心》（*Patience*）能大获成功，在某种程度上也得归功于对夸张的“唯美主义者”的戏谑嘲讽。为了支持所谓的高级唯美主义，罗斯金先生写了不少文章，来表达他那些可以美化我们生活环境的理念和原则。已故的弗雷德里克·雷顿爵士（Sir Frederic Leighton）和阿尔玛·塔德玛爵士（Mr. Alma Tadema）是在自己家中实践这些美学原则的人中颇有代表性的两位，其他或多或少与这场运动一直有联系的，也许还应该包括罗赛蒂（Rossetti）、伯恩·琼斯（Burne Jones）、霍尔曼·亨特（Holman Hunt）和威廉·莫里斯（William Morris）。正如一位作家对唯美主义所作的评述：“当这股思潮中夸张的那部分被滤净，也许沉淀下来的会是一股具有教育意义的影响力，它将在人们的头脑中印下崇高和永恒的艺术原则。”

尽管受到嘲讽，这所谓的“唯美主义”在一定时期内还是相当流行的，对当时的家具设计和装饰也产生了较大的影响。木制品被漆成橄榄绿色；被漆成暗色的柜子镶板上，绘有愁容满面的少女画像；室内力图营造一种“昏暗的宗教”氛围，对当时英国的社会风气来说相当不合时宜。然而，对在此之前十几二十年间艳俗且不当的色彩的逆反，却留下了不少好东西。当今的家具在风格上较为包容，人们能从每一种风格中发现可取之处，也会尽力选择合意而不致走到古怪的极端。

所谓有得必有失，我们由此获得好处，却也可能因此丧失了我们的“传统”。由于大量的仿制，其中包括对法式家具多少有些轻率的仿制、对齐本德尔这位大师流于表面的理解，以及对我们所说的“詹姆士一世式”和“安妮女王式”的仿制，更别说对大量所谓“古董家具”的仿制，使得我们在试图将十九世纪末的家具风格确定为某种风格流派时，总会茫然失措。我们说的“传统”，是指将某种工艺或制作方法的知识和技能父传子、师传徒，从而世代相传的古老方式。显然，拉斯金在发表如下言论时心里有着类似的想法：“现在，当灵巧的手艺可实现的这种精确度所激发出的想象力代代相传，你最终拥有的不只是一个训练有素的艺术家，而是一个新物种，他们直觉般的天赋令你无力抗衡。”

也许在乡村造车匠那儿，传统仍然能得以保留。他们依照风俗和传统为农民制造四轮马车，修正制作方法以适应已经改变的环境条件，然后装饰他的作品，不遵循什么特定的设计套路或规则，而是依从他所继承的天资，还有玩乐之心或想象力。在我们英国某些古老家族庄园的木匠中，倒是还能随处找到十七世纪的传统“细木匠”尚存的代表。在东方国家，特别是在日本，我们发现今天技术娴熟的细木匠或雕刻匠往往是出色的技工家族的后代。

同样显而易见的是，现在的“工联主义”（Trade Unionism）从许多影响上来看，只能是对工艺美术不利的。一个旨在将人们的智商和能力削峰平谷至普通水准、控制着工作量和劳动报酬的运动，不管它能带来多大的社会效益或经济效益，对我们这个时代的艺术品生产总是有害的。

以艺术品制作和生产为题材的写作者们，尽管名望和观点不尽相同，却都一致认为，只要人们还执着于对老家具进行廉价和华而不实的模仿，反对出于实用目的而设计更为简单的家具，家具业的发展就会存在严重的弊病。在过去的几年中，英国在改良家具设计、重新激发人们对于英国工艺的自豪感和雄心壮志——像旧时的同业公会鼓舞詹姆士一世时期的细木工人那样——做了诸多卓有成效的努力。其中最有成效的此类机构之一就是沃尔特·克兰先生（Mr. Walter Crane，皇家水彩画协会会员）担任会长的艺术与手工艺展览协会（Arts and Crafts Exhibition Society）。它的委员会和支持者名单中还包括很多颇具影响力的名字。在由其会长设计的展品目录的封面上，说明了该协会的宗旨之一是让“设计与手工艺”联手，具体方式是只展出那些明确标示了设计者和制作者各自姓名的家具。由此，每位工匠都会对他所负责的那部分工作享有功劳，并承担责任，而不是让整件家具以“某某公司生产”这样的面目笼统示人，而这家公司也许只是管理整体的大型制造或装潢业务，而对具体事务一无所知。

在这一协会出版的目录中，有几篇短小却实用的文章，作者颇有才华，或概要性或有针对性地论述了家具。作者包括沃尔特·克兰先生（Mr. Walter Crane）、爱德华·普赖尔先生（Mr. Edward Prior）、哈尔西·里卡多先生（Mr. Halsey Ricardo）、雷金纳德·T. 布鲁姆菲尔德先生（Mr. Reginald T. Blomfield）、W.R. 莱瑟比先生（Mr. W. R. Letharby）、J.H. 波伦先生（Mr. J. H. Pollen）、斯蒂芬·韦布先生（Mr. Stephen Webb）和皇家学会会员 T.G. 杰克逊先生（Mr. T. G. Jackson），作者名字按照文章的编排顺序排列。这些简短却对家具设计和制作颇有价值的文章很有意思，也指出了我们现有体制存在的缺陷。在众多抱怨中，有一位名叫哈尔西·里卡多的作者说：“我们大多数人对住所只拥有临时所有权，又不得不努力为生活必需品而奋斗，这抑制了我们对精工细作的家具的需求。我们的房子总会渐渐变得不够住—— 一旦租约到期，就会需要完全不同类型的家具——于是，我们宁可牺牲适用性与美观度，只购买那些能用到租约到期即可的家具，打算等到将来再购置那些能陪伴我们度过余生的心爱之物。”

大约二十年前在“伦敦城市行业协会”成立的南肯辛顿工艺木刻学校，也在做一项切实有用的工作。来自城市行业协会的适度拨款和免费用房，让学校的运转得以为继。而全部或部分免除学费的教育也让很多从这里毕业的学生能做好更充分的准备与他们的外国对手相竞争。管理委员会由少将J.F.D.唐纳利爵士出任会长，由著名艺术家、建筑师和其他人士组成，他们不仅从精神上支持协会，还把他们拥有的一些装饰木制品带到学校，让学生们在他们的指导下效仿借鉴。

由于罗小姐【6】（Miss Rowe）的智慧和热忱，她的管理非常成功。而指导老师格林伍德先生和罗斯先生则是务实的雕刻师，他们不仅能为学生们修正图样，还能为他们设计和切割图样。在第一年的见习期结束后，导师们会对专业学生的作品进行定价，学生们会据此获得相当一部分报酬。

正是因为这类技工学校的持续运转，我们才能在某种程度上取代古老的学徒制，给予手工艺学习者同样卓有成效的指导。在英国各地，当地政府设立的技校都或多或少取得了一定的成功。

还有不少其他的社团、协会和工艺美术学校也纷纷得以创建，多少都取得了一些成就。它们成立的目的主要是提高家具的设计和制作水平，为我们年轻的木雕师们提供可供效仿的合适模型。插图中所展示的埃尔斯米尔柜就是由著名的鉴赏家和艺术赞助人、已故的玛丽安·奥尔福德女士于1883年创立的“家居艺术和工业协会”所制作的产品之一。看得出它其实属于詹姆士一世时期的风格。

在本书的前几章，我们已经发现，随着建筑成为一门已经确立下来的艺术或科学，室内及家具设计也得到了相应的发展。

【6】对木艺文献多有贡献的罗小姐为年轻的木雕师们撰写了手册，手册在南肯辛顿博物馆管理者的支持下出版。

9-24 埃尔斯米尔柜。已故玛丽安·奥尔福德夫人的藏品。

可以说，建筑和室内设计处于同一种推动力之下。而英国，也许得说，要等到临近上世纪中叶的时候才出现这种特定的一致性。当时，由威尔金斯（Wilkins）、索恩（Soane）以及其他同时代建筑师在家具和木制品上倡导的仿希腊风格已渐失众望。正如我们在前一章中提及的那样，当时先是出现了一个复古期，而后又有了一个过渡期。伦敦的世界博览会是一次对过去时代的告别，正如我们所见，它也加速了我们国家工业企业的发展。尽管就整体而言，国际竞争产生的动力结出了累累硕果，但也没能避免随之而产生的负面效应。其中一种负面效应就是对新颖之物的渴求，而缺乏必要的对优劣的判断。有一段时间，没有什么能令所谓的“艺术性”产品的买家满意，不管是装饰性家具、地毯、窗帘，还是纯粹的装饰性物件，除非那设计是“新的”。这自然催生出一些笨重、丑陋、劣质或不适宜的家具，使得每一个以家具为主题的写作者们纷纷撰文抨击。从 1851 年世界博览会挑选出来的几件设计上，这种想打破常规的意图就已经显而易见了。而在世博会之后一段相当长的时间内，可以从我们的设计中看到模仿太多所导致的结果——那些没有经过足够训练的头脑往往缺乏仔细判断和筛选的能力。

大约是在十九世纪早期，聘请建筑师来进行室内装潢和家具设计，以便与建筑本身形成统一风格的做法开始被摒弃。究其原因，部分是因为建筑师对这一附属性质的工作兴趣寥寥，但也是因为人们的品位发生了变化，导致他们更青睐人工绘制木纹的染色松木——这种木材价格低廉，能产生墙纸般的装饰效果，而不是那些更结实但也更加昂贵，却没那么好看的木镶板、装饰线条、精制的镶板门和壁炉架。而这些，到十八世纪末期，就算在普通的出租屋中都能看到。家具制造业因此获得独立地位，而且“开始自视为一门独立的艺术，超越了其局限性”，还“幻想着能自成一家，像那些它所脱胎而来的行业一样，形成自己的发展路径”[7]。由此产生的影响从我们这个时代的“室内装潢”中可见一斑。可以说，建造商们只是将毛坯房交付给业主，室内空间由家具商、古玩店和拍卖行来填充，最后再由温室或最近的花店来添上画龙点睛的一笔。这种混搭的做法也形成了时下流行的闺房或客厅的装饰趣味。

当然，在很多情况下，这种“大杂烩”式的室内装饰中也体现出一种个性。柜子能让主人想起他的意大利之旅，古雅的凳子来自摩洛哥北部的港口城市丹吉尔（Tangier），刺绣钢琴罩来自西班牙——对于那些喜欢旅行的人来说，这些都是令人愉快的纪念品。此外，还有来自朋友们（当他们具备一定的品位和判断力）的礼物，比如屏风、花架和照片，能让我们想起那些与我们相距万里或阴阳两隔的人的身形和样貌。在起居室中如何布置家具是我们判断力和辨别力的体现。本书选取了两张不错的图片来反映当前的流行风尚，分别展示的是桑德林厄姆庄园的大会客室和客厅的内部装饰。

9-25 桑德林厄姆庄园内的大会客室（来自贝德福德的雷梅尔公司的一张照片，经国王陛下许可而使用）

9-26 桑德林厄姆庄园内的客厅（来自贝德福德的雷梅尔公司的一张照片，经国王陛下许可而使用）

如今，有很多富裕家庭想仿照那些古老家族的宅邸来布置自己的住宅。在那些家宅中，有价值的、有纪念意义的装饰性家具是一代代累积起来的，画作、餐具、瓷器等就是这样保存下来的。如果不能继承这类传家宝贝，富人们就会设法获取，或者用现在的话说“收藏”不同风格和时期的老家具，直到房间的风格变得不伦不类且过于拥挤。这只能说明主人有钱，并不能说明其品位良好。这种收藏活动通常都很匆忙，经常是在一次繁忙的商务或政治活动的短暂间隙进行，因此获得的物件通常不是最好的或者最适宜的。又由于在很短的时间内难以筹集到足够的资金，就很难买到真正有价值的宝贝。而以老家具为母本快速制作的廉价复制品（这种情况下炮制出来的东西自然有着各种各样的缺陷）就成了替代品，被添加到一大堆想引

【7】摘自爱德华·S. 普赖尔先生所写的《论家具与房间》一文。

人注意的家具中，把房间挤得满满当当。建在寸土寸金的地皮上的房子因为面积有限，鲜有轩敞的大厅和宽大的房间，这也使得这种缺乏辨别力和判断力的情况越发令人不快。毫无疑问，民众在选择家具时缺乏慎重和克制，这从设计和工艺两个方面都对家具产生了影响。

以上这些就是存在于现代风格的家居装饰中的几个缺陷，近来已由这一领域的撰稿者和讲演者们指出。在《家居品位指南》【8】（*Hints on Household Taste*）一书中，伊斯特雷克先生（Mr. Eastlake）严厉批评了我们在挑选和定制家具时只追求新奇和时尚，而忽视其适用性和简洁性。他还将詹姆士一世时期设计制作都颇为精良的家具与十八世纪家具的文字说明和图样作了比较。收藏家罗伯特·埃迪斯（Robert Edis）还在《城市住宅的装饰与家具》（*Decoration and Furniture of Town Houses*）中展示了符合空间与预算要求的、既简单又经济、适合家具特定用途的设计。

在大部分这一类型的设计中，最主要的原则是避免过度装饰和虚荣造作，鼓励制作优质结实的家具，使用坚硬、耐用且（因需要较多工时而）昂贵的木料，或者，出于经济上的考量，选用经过染色或涂以瓷釉的轻质软木。某些生产厂商因为声誉良好，就可以不顾各种劝告，坚持这一原则，从而使得我们能在现在轻松地买到设计和做工都相当优良的家具。它们简单、朴实、物有所值。遗憾的是，这些更为合理的法则并没有完全胜利，真正优质、适用的家具遭遇了那些更为花里胡哨的产品的激烈竞争。后者生来就是用于售卖的，而不是用来长久地使用的，它们身上似乎贴着“三年合约”或“七年租期”的标签。对此也许可以不单从艺术的角度看，还可以从道德和人道的立场上说，它们是太过廉价，把它们制作出来都有点浪费材料。

【8】出版于1868年，当时正值人们对新奇性的狂热追求处于顶峰时期。

由一部分知名的建筑师和设计师引领的一次品位的复兴——称之为“新文艺复兴”也未必不妥——成果颇丰。皇家学会会员斯特里特先生（Mr. Street）、诺曼·肖先生（Norman Shaw）、沃特豪斯先生（Waterhouse）、阿尔玛·塔德玛爵士（Sir Alma Tadema）、T.G. 杰克逊（T. G. Jackson）、W. 伯吉斯（W. Burges），以及沃尔特·克兰（Walter Crane）、托马斯·卡特勒（Thomas Cutler）、E.W. 戈德温（E. W. Godwin）、W. 莫里斯（W. Morris）、B.J. 塔尔伯特（B. J. Talbert）、S. 韦勃（S. Webb），还有其他很多人，都对家具设计相当关注。然而，要描写他们各自工作的特性却不在笔者的能力范围之内。

行业杂志也发挥了作用。它们刊登业已完成的作品的图样，为读者们提供按图制作的建议，还不时发布各种展会信息。

伦敦郡议会议员J. 威廉姆斯·本（J. Williams Benn）编辑的《家具制作者与艺术家具商》（*Cabinet Maker and Art Furnisher*）含有“编辑的手写批注”，因为具有启发性，想来对读者多有裨益。月刊《家具与装饰》（*Furniture and Decoration*）也刊登了不少优秀的设计案例。其撰稿人包括皇家学会会员J.W. 布利斯（J. W. Bliss）、皇家建筑师协会准会员H.L. 查尔默斯（H. L. Chalmers）、欧文·W. 戴维斯（Owen W. Davis）、刘易斯·F. 戴（Lewis F. Day）、埃德温·福利（Edwin Foley）、克里斯托弗·吉尔（Christopher Gill）、伯特伦·古德休（Bertram Goodhue）、厄内斯特·乔治（Ernest George）和皮托（Peto），A. 荣凯（A. Jonquet）、菲利克斯·勒努瓦（Felix Lenoir）、莱塞比（Letharby）、威尔伯特·拉特雷（Wilbert Rattray）、斯登豪斯（Stenhouse）、约翰·特纳（John Turner）、弗兰克·沃德（Frank Ward）、A.H. 伍尔夫（A. H. Wolf），以及编辑们自己——蒂姆斯（Timms）和韦布（Webb）。

在该期刊的“美国速写”里，我们看到了在美国设计和制作的家具。为百万富翁的豪宅绘制家具和内饰设计的，有坎夫曼（Canffmann），还有新泽西州莫里斯敦的弗兰克·科尔伯恩（Frank Colburn）、波士顿的桑福德·菲普斯（Sanford Phipps）和詹姆斯·汤普森（James Thompson），以及纽约的罗斯（Ross）和马文（Marvin）。从中可以看出，并没有鲜明的美式风格，但是发生在英国的品位复兴也同样出现在了美国。而且从仍用伊斯特雷克先生的大名命名的家具数量可以看出，这位绅士的教导所产生的影响非常广泛。《家具公报》《建筑师》和《建筑新闻》也同样刊登了家具和木制品的设计。

我们已经注意到，与我们当前的社会状况密不可分的不利条件，对英国的设计和手工艺行业有害，也不利于生产真正令人满意的家具，这种情况在其他国家也同样存在。而且，鉴于英国人和使用英语的人群极有可能是外国家具产品的最大买家，这些不利条件便会对不同国家的家具业产生多重的影响。

在法国，家具制造者向来擅长制造装饰性家具。由于持续不断地参考法国国内各种博物馆和宫殿里早期作品的样例，他们在对传统工艺的继承上远胜于其英国同行。对他们来说，弗朗索瓦一世、亨利二世，以及“三个路易”时期的风格堪称经典。他们使用雕镂和精加工制作出用法式古铜装饰的漂亮配件，以适配顶级奢华家具，只要付出相应的报酬，绝顶的手艺制作出的作品几乎无人能及。但对于那些对家具专门知识所知甚少的人来说，这样的价格在很多情况下都实在难以接受。举个简单的例子，赫特福德庄园藏品中一件“卢浮宫书桌”（插图见 P139）的复制品，就花费了理查德·华莱士爵士整整 4000 英镑。

尽管如此，在法国以及那些进口法式家具的国家，有很多人也想获得可与这种美丽却昂贵的家具相媲美的效果，又无力承受仅装饰一个房间就要花费数千英镑的负担。为了满足这一需求，勤劳机智的法国人生产了大量品质上虽然无法企及，但效果却能与那些制作更为精良的家具相类似的仿制品。

我们已经提到，在荷兰、比利时和德国，以文艺复兴时期的模型为范例生产的装饰性橡木家具的生产依然盛行，这种家具被大量进口到了英国。

9-27 雕饰画框。由拉德斯毕勒制作，慕尼黑。

插图9-27展示了一个齐本德尔式的洛可可风格的雕饰画框，框上雕刻着一个手持华盖的中国人。这件作品代表了一支在慕尼黑发展起来的木刻艺术的重要流派。在慕尼黑的“工匠展览会”上，巴伐利亚人有一个与英国的工艺美术展览协会非常相似的组织。关于工艺美术展览协会，我们上文已经提到，它所展示的每一件家具都标注了设计者和制作者的姓名。

我们也已经提到过意大利的现代雕刻家具。展示了从1851年世博会展品中挑选的一些来自不同国家的展品的插图，意在说明，总体而言，最适合展示的家具均产自国外，但是说到实用价值较高的家具和木制品的生产，却没有人能超过英国的家具制作者。这是因为当时有一种不好的风气，想让家具在完工时看起来比它实际上更值钱，这就导致了设计和工艺上的天马行空。

总而言之，显而易见的是，十九世纪下半叶的家具制作有各种缺点和毛病——而且毫无疑问还为数不少，既有做了不该做的，也有该做的却没做的情况——但总的来说，设计人才并不匮乏，也找得到训练有素、耐心细致的工匠，能制作出可与文艺复兴及詹姆士一世时期最精美的范例相媲美的家具。随着英国与其殖民地之间的交流日益便捷，也随着欧洲几个主要工业中心为了商业繁荣而联合起来，整个文明世界可以说已经成为一个一体的王国。商人和生产者可以选择最优质最合适的材料，获得远在异国他乡的作品范例的照片或图样，或是最昂贵的设计的副本，而伦敦和巴黎的公共艺术图书馆又能让学生和工匠们方便地获取有价值的参考资料。我能欣然证明，学生和工匠们总是能从我们的公共参考图书馆获得热心的帮助。

然而，仍有重要的一点需要考虑。好作品需要有识之士设计，也需要技艺娴熟的工人去制作，与那些机器铸模、压印装饰，以及用其他大量且廉价的东西替代手工而打制的家具相比，理应有一个完全不同的价格。那些廉价的家具是我们当前的文化促使生产厂商生产出来的，目前似乎受到了大众的喜爱。有一种说法很好，“装饰性的或者豪华的家具不仅仅是需要花大价钱购买的家具，更是凝聚了大量心力、知识和技能才精心制作出来的东西。这种家具当然不可能很便宜，但真正的代价有时是制作它的艺术家所付出的，而不是碰巧购买的买主付出的”[9]。人们常常会忘记为制作家具而付出的代价往往是工人及其家人的生命和健康。

到我们该作总结的时候了。尽管有很多收藏家和家具爱好者建议笔者关注更多文字描写和样例，检视更多样本无疑能获取更多信息，然而，由于杂事缠身，加之本书篇幅有限，无法继续展开论述。恐怕目前这些就已经是对读者耐性的极大考验了。

正如在序言中所说，本书不欲成为一本“收藏”或“陈设家具”的指南。尽管如此，在记录设计与时尚变迁的过程中，在不时提及关于这一主题的思考者和写作者的论点时，很可能对了解上述两个领域都有间接的帮助。倘若果真如此，倘若读者也能因此增进对家居或某些艺术收藏品——过去岁月留存下来的、构成我们民族瑰宝的作品——的兴趣，那么笔者的目的也就达到了，为此做出的微薄努力也获得了回报。

【9】摘自J.H.波伦的《装饰性家具》一文。

附 录

笔者感谢 J.H. 波伦先生为他的著作《古今家具和木制品》（*Ancient and Modern Furniture and Woodwork*，1874 年出版）中的名单增加了一些内容。目前仍在经营的公司未列在清单中，一部分是因为有太多公司可在当今家具制造商中占有一席之地，一部分是因为由笔者这样一个同辈之人来评判选择可能会显得有失公允，也未免武断。

注："ME"的字母组合图案作为标识出现在一些十八世纪法国旧橱柜上，意为"木制品工匠（Menuisier Ebeniste）"，通常标在家具制作者的姓名或首字母缩写旁边。

木 材

家具制作中会用到下列不同种类的木材：

顶级家具

枫木（Maple） 橡木（Oak，各个品种） 香雪松（Sweet Cedar）
花梨瘿（Amboyna） 玫瑰木（Rosewood） 郁金香木（Tulip Wood）
黑檀木（Black Ebony） 椴木（Satin Wood） 胡桃木（Walnut）
巴西苏木（Brazil Wood） 檀香木（Sandal Wood） 橄榄木（Olive）
乌木（Coromandel） 香栗木（Sweet Chestnut） 斑马木（Zebra Wood）
桃花心木（Mahogany）

普通家具和室内装饰

松木（Pines） 桦木（Birch） 胡桃木（Walnut）
冷杉木（Deals） 香柏木（Cedars） 桃花心木（Mahogany）
榉木（Beech） 樱桃木（Cherry Tree） 水曲柳（Ash）

也有花纹雅致的精选洪都拉斯桃花心木，以及不同品类的桉木。

其中最名贵的木材被用于制作贴面；而在装饰性最强、色彩最为丰富的镶嵌细木中，用的则是冬青树、马栗树、美国梧桐、梨树，以及李树等易于着色的木材。

还会少量使用一些较为稀有且木纹美丽的木材，其中包括：

巴西木（Mustaiba）[1] 秘鲁木（Peruvian） 罗塞塔木（Rosetta）
扇叶树头榈（Palmyra） 雉鸡木（Pheasant Wood） 蛇纹木（Snakewood）
鹧鸪木（Partridge Wood） 紫木（Purple Wood） 罗汉松木（Yacca Wood）
王子木（Princes Wood）

柚木（Teak），是一种产于东印度的质地异常坚实的木材，此外还有一种非洲柚木（产于塞拉利昂），被称为非洲橡木。

印度玫瑰木（Shisham），或黑檀（Blackwood）（黄檀属），是一种材质沉重、纹理细腻的木材，呈深褐色，抛光后类似乌木，在印度的家具制造中很常用。

檀香木、柚木、杧果木（Mango Wood），乔治·伯德伍德爵士（Sir George Birdwood）在《印度艺术》（*India Arts*）中完整罗列了上述印度木材，并附上了植物学学名和其他有价值的信息。

如需要木匠们所用各类木材更完整的目录，可以参考 J.H. 波伦先生所著《南肯辛顿博物馆藏品导览》。他在经过深入研究以后指明了其中很多木材的植物学名称。木材的俗名多源自其独特的花纹或色泽，却不能提供任何指向植物学属性的线索，这使得他所完成的这项判定木材植物学名称的工作颇为不易。其中包括郁金香木、玫瑰木、王木[2]、雉鸡木、鹧鸪木和蛇纹木。值得注意的是，在英国，“王木”指的是一种呈现浓郁深红褐色或“茜草紫红”色的木材，而“郁金香木”指的是一种红中带黄、有漂亮花纹的木材；但是在法国，这两个名称指代的木材却完全相反。在第六章写到的顶级法式嵌木细工家具的制作中，这两种木材是十分受欢迎的饰面材料，常见于用一种木材做成饰边，以衬托另一种木材做成的镶板或抽屉面板。

在邱园的博物馆和大英帝国研究院[3]的殖民艺术美术馆中，收藏着许多值得研究的珍稀木

【1】原文为 mustaiba，一种产自巴西的木材，比玫瑰木质量差一些，但比玫瑰木坚硬；木纹为栗木棕至黑色，纹理形态与一些铁木和黑鹧鸪木相近；较之玫瑰木它的树脂木纹略少一些。这种木材常用于制作玻璃刀和其他刀具的手柄。由于其木质细密厚重，其中质量好的还特别适合于车工。（译注）

【2】King Wood，也译作西阿拉黄檀木，十七世纪时被称为王子木（Princes Wood）。（译注）

【3】大英帝国研究院是当时为了对英国殖民地进行研究和促进贸易而建立的研究机构，经过一系列变故与搬迁已不复存在。本书提到的展品很可能存放在布里斯托尔城市博物馆与美术馆中。（译注）

材样本。

下文介绍的是一些在《圣经》中出现过的木材，它们曾被用于制作古代家具，本书第一章也提到过这些木材。

下文中的资料由爱德华·克莱普顿医生（Dr. Edward Clapton）慷慨提供，他收藏的稀有木材样本极具价值。

什亭木（Shittim Wood），产自皂荚树（Shittah），也称塞伊尔相思树（Acacia Seyal）。这种多刺木在西奈半岛和死海周围尤其盛产，而在叙利亚、阿拉伯和非洲的不同地区也能见到。如今皂荚木十分稀少，且都是小树，然而在摩西的时代它们遍野成林，粗壮得足以制成长而宽的板材。正如圣热罗尼莫所说，那是“一种质地十分坚硬的木材，而又难以置信的轻便和美丽”，他还补充说，这种木材“不会朽败”。七十子译本的《旧约全书》中，什亭木的希伯来语名称在希腊文中被译为“不腐之木”，这也与圣热罗尼莫的说法相吻合。这种木材虽然轻巧，但很是坚硬耐用。在其所有踪迹彻底消失之前，什亭木制成的诺亚方舟和圣幕中的其他家具肯定足足保存了500余年之久，这证明了这种木材的耐磨。斯坦利教长认为，皂荚木的复数形式之所以叫“什亭木”，是缘于这种树木茎干蔓生而形成的树丛缠结的样子。

檀香木（Almug），产自小叶紫檀，是一种豆目的高大树种。质地坚硬，色泽发红，表面抛光后非常亮泽。它原产于印度和锡兰，在所罗门王时代被运到位于非洲东海岸的俄斐，再从俄斐运到巴勒斯坦；“此外，从俄斐运金子来的希兰船队，又从俄斐运了大批檀香木和宝石来。王用檀香木为耶和华的殿和王宫做栏杆，又为歌唱的做琴瑟”（《圣经·列王纪上》，第10章第11、12节）。檀香木和檀香树并不是一种东西，檀香树和香柏木、松木[4]一样都生长在黎巴嫩（《圣经·历代志下》，第2章第8节）。

香木（Thyine Wood），产自阿拉尔树（Thuja Articulata），如今被命名为方苞非洲柏（Callitris Quadrivalvis），是一种松柏目、柏树亚目下的树种，能长到20–30英尺高，原产于阿尔及尔和北非的亚特拉斯山区。这种木材颜色较深，木质坚硬且有香味，经打磨后光泽度很好。它能分泌出一种带香气的树脂，名为山达脂（Sanderach），罗马人经常在膜拜他们的神灵时使用这种树脂作为焚香。香木的名称来源于“焚香”。这种木材备受古希腊人和古罗马人的重视，不仅因为它被看作是神圣之物，也因为它外观美丽，可被用于各类装饰。罗马学者普林尼曾经讲述过他的同胞对香木制成的装饰品表现出来的疯狂之情。他说，当罗马的贵妇人们因奢侈滥购珍珠制

【4】《圣经》原文中译为松木，实为冷杉。（译注）

品而遭到丈夫的批评时，她们就会反唇相讥，指责他们对香木制成的桌子喜爱过头。在古罗马，人们无比热忱地追捧装饰性木制品，西塞罗甚至拥有一张价值 9000 英镑的香木桌子。邱园博物馆中能观赏到香木制作的装饰品，由已故的热罗姆·拿破仑（拿破仑的幼弟）赠送。著名的科尔多瓦清真寺，其天花板和地板皆由香木制成，《圣经》中也提到过这种木材。

织 毯

用于法国家具的织毯有哥白林双面毯、博韦毯和欧比松挂毯。著名的哥白林制毯厂起源于位于巴黎圣马塞尔郊区的某个染色厂，由吉尔斯·哥白林（Gilles Gobelin）和让·哥白林（Jean Gobelin）两兄弟建立，二人从威尼斯引进了猩红色染色技术，还研发其他一些漂亮的颜色，这个企业最初被视作笑话，还为他们赢得了“荒唐哥白林”的名号，后来却大获成功。那还是在法王弗朗索瓦一世统治期间；兄弟二人随后在染色工厂的基础之上增加了制毯厂。据不同的史料记载，在 1662 年或 1667 年，接替马萨林红衣主教（Cardinal Mazarin）成为路易十四首席顾问和财政部部长的柯尔培尔从哥白林家族手中买下了工厂，将其重新组建为皇家软包工厂。工厂聘请了勒布伦、贝伦和西蒙·乌埃（Simon Vouet）等艺术家来绘制织毯图案，而勒布伦更是被任命为工厂总监。自 1697 年起，工厂只从事织毯生产，而出自这些著名织机的产品也顶着“哥白林毯”的名号为人所知。不过在此之前，即在 1669 年时，柯尔培尔下令要求哥白林制毯厂生产一种学名为“低经纱密度毯”的适合家具制作的织毯——此类产品的制作本已移交给博韦皇家手工工厂，自那时起，这种适合于座椅和沙发软包的特别制毯工艺就由博韦手工工厂继承延续着，而哥白林厂的织机则更多用于大幅挂毯的制作。哥白林的著名织毯以其细腻的质地和明艳的颜色而闻名世界；一些早期织毯因时光打磨而色泽变得柔和，质地却依然良好，更是要价昂贵。除了在哥白林偶尔出品的和更多产自博韦的家具用毯以外，欧比松工厂的织机也出产了大量织毯产品，据说这个工厂起源于十四世纪时迁入拉马尔什地区（La Marche）的一些佛兰德斯手工匠人。不过由于难以获得优质的图案和必要质量的羊毛，他们的织毯并没有得到盛誉。柯尔培尔在 1669 年为这些制造厂颁发了特许令，并且给予它们保护，使其免受国外竞争者的挤压，于是欧比松的织机变得繁忙起来，经营者也富裕起来。哥白林厂和博韦厂的产品被皇家独享，因此欧比松厂必须满足更广泛的普罗大众的需求，也正因为此，虽然其织毯在同类产品中算得上质量不错，偶有佳品，却从未享受过那些与之同时代的、更著名的产品所享有的声誉。读者若想要更深入地研究织毯及其历史，想要了解其制作工艺及其极富启发意义的大量细节，笔者强烈推荐南肯辛顿博物馆的手册《织毯》；这本册子由阿尔弗雷德·德·香浦先生（M. Alfred de Champeaux）为科学与艺术部撰写，R. F. 斯凯奇利太太（Mrs. R. F. Sketchley）翻译。

镀金与抛光工艺

木材镀金：在木材表面上镀金的工艺与在金属表面镀金是完全不同的。在对木质表面进行镀金时，镀金匠使用的金料是极薄的金箔，为防它们彼此粘连，一般将其夹在小纸册子的书页之间。镀金匠以灵巧的手法使用扁平的镀金匠专用骆驼毛刷，学称“扫金刷子”（tip），从书页间将金箔移到待镀金的表面。木料此前已经用层层叠叠的白垩和稀释胶水进行预制，预备抛光部分的预制层则需要更厚一些。这套工艺很大程度上取决于在预制层上花费的精力与时间，有时木材表面需要十层之多的预制处理，每层都需要用火山浮石和玻璃砂纸擦刷磨平，还需小心以避免破坏雕刻装饰的清晰度。这种使用金箔的手法学称贴金，用于家具、画框或其他装饰镀金。近十年来用于雕刻华丽的家具的金料则呈粉状。这类金料制作起来十分昂贵，每盎司约需 7 英镑，只用于那些比较贵重的、需要重新镀金的法国旧造座椅和沙发等物。

金属镀金：本书第六章描述的那些精美旧式法国家具，其配件匠人就采用这样的工艺来为金属镀金。在鎏金部件上涂上一种由金和水银组成的混合物；水银受热蒸发，金便牢牢贴合在金属配件的表面上，然后再按要求上色，卡菲瑞和古蒂埃等大师往往使其带有一丝青绿色泽。这类工艺需要使用大量贵金属，因此造价十分昂贵，但效果华美，而且保养得当的情况下相当持久。但由于水银蒸气对人体系统有毒害作用，这种工艺对工人伤害很大；这种工艺已被普遍放弃，而代之以更快捷且便宜得多的电镀法，电镀法能够以极薄的金层达到很好的镀金效果。在巴黎，进行较为昂贵的旧家具复制的工匠仍然会适度使用浸镀金（也称水法贴金）的工艺。还有一种造价便宜且有效的上漆工艺，有时也被称作“镀金”，用来为鎏金配件打上金色；这种工艺是将虫胶溶液和酒精涂在被加热的金属表面，就像浸镀金一样，不稳定的酒精挥发而留下一层薄薄的虫胶，这层虫胶经处理后在不太有经验的人看来就和真金的效果十分相似。需要指出的是，当对配件进行镀金时，其目的通常在于使材料比普通黄铜在颜色上更接近金子；因此，使用一种含有大量铜的合金来完成镀金，这种合金通常被称为“仿金铜”。

抛光：旧时的木制品抛光工艺是在制品表面反复涂抹松节油和蜜蜡的混合物，然后用硬刷仔细磨平，即可获得非常持久的光亮表面。对于平整的表面，特别是从前那些不用桌布盖起来、以展示木质的餐桌桌面，上光油是流行的做法；以重物来回摩擦桌面，用油来作为润滑剂，以达到抛光的效果。优秀的女主人都会频繁地抛光她们的餐桌桌面。上光油还有个重要的好处，它能使桌面不易因接触过热的盘子而留下烫痕。但这些旧式工艺的成本、工时和繁琐致使人们放弃了它们，转而采用所谓的“法式”抛光，即将虫胶溶于工业酒精中涂在预制好的表面上；溶剂中往往加入其他原料以使外观不佳的木头带上更丰富的色泽。这种抛光工艺更迅捷，因此也比旧工艺更便宜，在1851年伦敦博览会之后获得了广泛使用。

钢 琴

钢琴如今已是当代家具中十分重要的一种，本书或许可以从装饰的角度来谈一谈钢琴的变迁。南肯辛顿博物馆手册中有一册为《乐器》，卡尔·恩格尔（Carl Engel）在书中追溯了钢琴从“羽管键琴（clavicembalo）”发展而来的历史，恩格尔告诉我们，“羽管键琴其实不过就是安装了键盘的‘大键琴（cembalo）’或‘大扬琴（dulcimer）’”。我们现代的三角钢琴则与拨弦键琴（harpsichord）[5]和斯皮耐琴（spinet）有着更加直接的发展演变关系，这两种琴替代了十六世纪时的维金纳琴（Virginal）。这些琴一般呈长椭圆形，放在琴架上，琴架只是单纯摆放琴用，而不是像现代三角钢琴的腿那样成为乐器的一部分。在一份收藏在布洛德伍德钢琴行的演出节目单原件上印着一段公告，称在1767年5月16日考文特花园的皇家剧院上演的《乞丐歌剧》（*The Beggar's Opera*）第一幕结尾时，“布里克勒小姐会演唱《朱迪斯》（*Judith*）中的一首颇受欢迎的歌曲，由迪布登先生使用一种名为‘钢琴’的新型乐器伴奏”。

本书第六章结尾处有一张拨弦键琴的插图，这架琴收藏在南肯辛顿博物馆，同属一个收藏系列的还有一些其他的拨弦键琴，作为乐器其种类不尽相同，装饰也各具风格。属于亨德尔的那一架很好地展现了在此类乐器上常用到的装饰手段。其他几架的时代大约在十八世纪中叶，同第六章提到的一些家具一样表面涂了一层漆，采取此种方式装饰的琴外壳局部先被送往中国涂上预制层后再运回国，因为当时该工艺独家掌握在中国人手中，后来才在欧洲得到效仿。其中一些涂漆的外壳十分精美，而那些以马丁漆精心涂绘的外壳还装点着小型画或袖珍画。琴盖内侧通常绘有精美的主题画或风景画，如第六章末尾插图所示，而琴盖外侧装饰着以深底色烘托的阿拉伯花纹

【5】伯卡特·舒第（Burkardt Tschudi）为腓特烈大帝定制的拨弦键琴属德国文艺复兴风格，舒第的女婿便是约翰·布洛德伍德一世。

描金。几年前在朗斯代尔大人（Lord Lonsdale）的家具收藏拍卖会上曾售出这样一件乐器，成交价约 300 英镑。

大约在安妮女王时期，方方正正的外壳一定程度上被摒弃，人们更偏爱“翼展形”外壳——现代的三角钢琴便是翼展外壳的一种变形发展。有时长方体外壳也被应用在当时的拨弦键琴上。早期的钢琴形状为矩形，旨在避免三角钢琴弯曲的高音区造成的那种不均衡外形。笔者本人便收藏着一件这样的乐器，不带踏板，上面镌有如下文字：“皇家专利制造，朗文和布罗德里普（Longman and Brodrip），乐器匠人，伦敦秣市广场 13 号及切普赛德街 26 号。”这家公司后由科勒德和科勒德琴行（Collard and Collard）接管，切普赛德街的店面也被保留下来。最老的一架布洛德伍德钢琴目前正在维也纳展览，其品牌为“舒第和布洛德伍德”（Schudi and Broadwood），制造年份为 1780 年，是一架矩形外壳且没有踏板的琴。

到十八世纪末，人们制作钢琴时会使其款式与那时的亚当、赫普怀特和谢拉顿的家具和谐搭配，有些琴上还精细地镶嵌了小块韦奇伍德陶片。

法国大革命期间，家具的风格历经变迁后转变为古希腊风格，一些现存的乐器和设计显示钢琴也追随了这股潮流。圣詹姆士宫中藏有布洛德伍德为十九世纪初去世的夏洛特公主制作的一件乐器。这架琴外壳呈方形，以整片象牙贴面，象牙先以酸液软化，再切割成圆形。

在法国，老式的拨弦键琴和后来出现的钢琴遵循了影响法国装饰性家具的各式各样的装饰风格；而在其他国家，此类乐器虽制造数量少一些，但也呈现同样特点。

在三四十年前，低级品位在英国大行其道。制造钢琴的和购买钢琴的要么满足于最普通最庸常的桃花心木或胡桃木外壳，或是 1840 年开始大为流行的玫瑰木制作的外壳；要么便是选择那种设计过度奢侈、布满多余装饰的外壳，与乐器本身的用途相当不协调。

第九章的两幅插图中，一幅描绘的是布洛德伍德大三角钢琴，另一幅则是维也纳的雷斯特勒家具公司制造的布勒立式钢琴；此二者可谓是 1851 年伦敦大博览会时期最受欢迎的钢琴装饰范例。

近来在领头的家具制造商中，特别是我国的家具制造商，出现了明显的进步，钢琴外壳更多以仔细甄选的稀有木材制作，且风格上大多与房间内的家具相协调。英国皇家学院派画家劳伦斯·阿尔玛－塔德玛爵士（Sir Lawrence Alma-Tadema）设计过拜占庭风格的钢琴外壳。画家、马赛克设计师爱德华·伯恩－琼斯（Edward Burne-Jones）为一架钢琴绘制过精美的形象装饰和涡卷纹，还在另一架钢琴的共振板上绘制过连串的玫瑰花；他还令先前用于拨弦键琴的旧式三角琴架得以复兴。此外，皇家艺术学会会员约翰·威廉·沃特豪斯先生（John William Waterhouse）、制作了皇家阿尔伯特纪念碑底座的约翰·伯尼·菲利普先生和皇家艺术学会会员托马斯·格拉汉姆·杰克森等人也均为朋友和客户设计过钢琴外壳。

几年后的国际发明博览会上，人们有机会充分认识到钢琴在设计方面的进步。老式的回纹镂雕面板几乎被完全摒弃，取而代之的是装饰画或嵌木细工饰板。有些被涂上白色瓷釉，并饰以镀金装饰；还有的应用了某种意大利石膏工艺装饰，而家具的不同流行样式也在钢琴装饰上衍生出各种各样的变化。其中柯克曼琴行展出了一架大三角钢琴和一架立式钢琴，设计来自罗伯特·威廉·艾迪斯上校（Colonel Sir Robert William Edis）；霍普金森琴行展出了一架小三角钢琴和几架家庭小钢琴，有的是以嵌木细工装饰的椴木，也有以老式英国风格绘饰的椴木，正面装饰着印有意大利雕刻家弗朗切斯科·巴尔托拉奇（Francesco Bartolozzi）版画作品图案的丝质饰板。最后这个设计来自笔者本人。布洛德伍德和其他英国琴行也出品了一些特殊的设计。

自举办博览会以来，即便说钢琴的设计没有出现进步，却也发生了无尽的变化；如今，钢琴外壳设计和装饰的目的在于满足最一丝不苟或最异乎寻常的品位。

（京）新登字 083 号

图书在版编目（CIP）数据

图说世界家具史 / [英] 弗雷德里克 · 里奇菲尔著；李林莹， 闻琛，洪泓译 — 北京： 中国青年出版社，2018.12

ISBN 978-7-5153-5472-9

Ⅰ．①图… Ⅱ．①弗… ②李… ③闻… ④洪… Ⅲ．①家具－历史－世界－图集 Ⅳ．① TS664-091

中国版本图书馆 CIP 数据核字 (2019) 第 004138 号

出版发行：中国青年出版社

社址：北京东四 12 条 21 号

邮政编码：100708

网址：www.cyp.com.cn

编辑部电话：(010) 57350508

门市部电话：(010) 57350370

印刷：北京科信印刷有限公司

经销：新华书店

开本：710 × 1000 1/16

印张：14.5

字数：185 千字

版次：2019 年 4 月北京第 1 版

印次：2019 年 4 月北京第 1 次印刷

定价：78.00 元